李韡玲

得健康得天下

細說運動 養生美顏 正向思維的心得

天然美顏養生專家
李韡玲 著

萬里機構

推薦序

通往身心和諧之徑

尹惠玲
聯合新零售（香港）有限公司
董事總經理

在AI時代的今天，人們的生活節奏更加急速，卻常常在不經意間，將健康這一人生最寶貴的財富遺落在身後。天然美容作家李韡玲女士（Ling姐）的新作《得健康 得天下》出版得及時，為在迷茫中尋求健康生活的人們，點亮了一盞明燈。

相信每位認識Ling姐的朋友，一定會被她由內而外散發的活力與光彩所打動。這種光彩並非來自昂貴化妝品的堆砌，而是源於她對健康生活方式的執著踐行，這也正是她在天然美容領域深耕多年的獨特魅力所在。Ling姐筆耕多年，暢銷著作等身，每次她在書店與粉絲讀者交流聚會時，讀者們都深切感受到她對健康知識的熱愛與鑽研。

翻開 Ling 姐新作《得健康 得天下》，就彷彿打開了一扇通往健康生活的大門。書中涵蓋了豐富多元的健康知識，每一個章節都包含着 Ling 姐對生活的深刻洞察與對讀者的真摯關懷。

在運動篇章中，Ling 姐根據不同人群的身體狀況和生活習慣，介紹了一系列簡單易行的運動方式，讓我們在輕鬆愉悦中，收穫運動帶來的健康與活力。

護膚部分，Ling 姐宣導回歸自然。她分享如何利用身邊常見的材料，製作出安全有效的護膚品。這種天然護膚理念，不僅能讓我們的肌膚重煥生機，更是對地球環境的一種溫柔守護。

而在養生知識的分享中，Ling 姐巧妙地將傳統中醫理論與現代生活相結合，她用通俗易懂的語言，將晦澀的養生知識娓娓道來。讓我們在享受美食的同時，也能順應天時，滋養身心。

在精神健康方面，Ling 姐分享在日常生活中遇到的情和事，有喜有憂，她娓娓道來怎樣平衡這些情緒，保持平靜，保持笑容，正向思想。

《得健康 得天下》不僅僅是一本知識的彙編，更是一份生活的指南。Ling 姐用她的筆觸，引領我們重新審視生活的點滴，讓我們明白，健康並非遙不可及的目標，而是存在於每一個選擇、每一次行動之中。本書提醒着我們，在追求物質豐富的同時，千萬不能忽視了身體的需求和心靈的滋養。因為，唯有擁有健康體魄和積極心態，我們才能真正擁有天下，擁抱豐富多彩的人生。

衷心希望每一位翻開這本書的讀者，都能從中汲取力量，踏上屬於自己的健康之旅。

自序
多謝讓這本書誕生的恩人和機構

文字加上影像，把鼓勵大家「請每日無論有多忙都必須做點養生、美顏運動」的文章，結集成一本既珍貴又不可多得的《得健康 得天下》的養生秘笈。這個真要多謝萬里機構出版有限公司對旗下書籍的重視和用心。那天我們約了健身示範模特兒，加上編輯部、美術部、攝影師等等，在香港中華煤氣有限公司的總部開工，從早上到下午，從樓上的會議室到地下的烹飪中心，拍完硬照拍錄像；一步一步的由模特兒向讀者示範如何利用一日裏的許多個幾分鐘來做拉筋、強肺、幫助氣血順暢、防止肌肉流失、防治頭髮大量脫落、緩解膝頭痛等各種運動。當然單靠運動並不能令一個人獲得真正的、全面的健康，還要有良好、樂觀的心態、均衡的飲食、足夠的休息。在這本書內，我都盡量與大家分享，希望我們都終日笑口盈盈，積極面對一切，身心健康，走路帶風。

Ling

目錄

Chapter 1 運動

Chapter 2 養生保健

Chapter 3 美顏護膚

Chapter 1

運動

缺乏運動，久坐多病。

想身體好，最好的方法是做運動，每日至少半小時。不一定在健身室或運動場「全副武裝」做運動，在家、在辦公室亦能做些伸展運動，舒展筋骨。

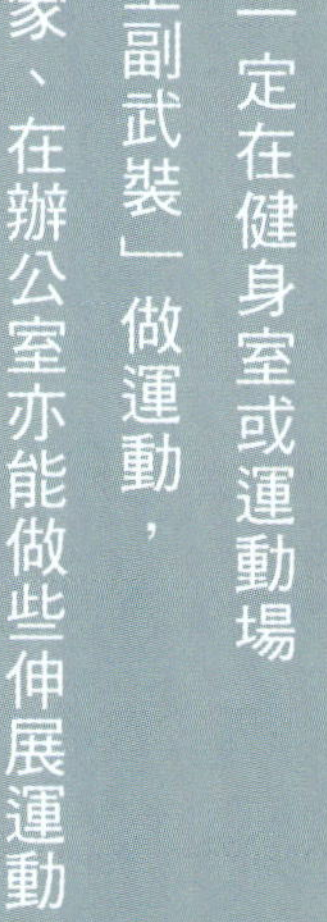

得健康得天下

世事如棋局局新。以前一班人聚在一起吃飯也好打牙骹也好，話題總離不開鬼怪故事、算命睇相風水。現在一班人聚在一起飲茶也好講是講非也好，話題好快就會轉到癌症上面去。因為總有人報告，某某得了甚麼癌，正在接受化療。一班人先是譁然，接着是表示難過，跟住就有人問他是如何得知自己有病的。目的之一，當然是給自己告誡和提醒。

這一次聽說其中一人的同事得了胰臟癌，才四十多歲。此癌是眾癌之中最毒的，一旦驗出已經是末期，很大程度上屬於藥石無靈那一種。

據那位朋友告知，她的同事忽然發現自己的小便是橙色的，以為稀鬆平常不以為意。沒過多久，他發現小便竟是血色的。這一驚非同小可，立即找可靠的醫生做檢驗。原來是胰臟出了大事，初期是沒有痛感的。

說到這裏，大家就會有個結論，就是健康最重要。錢沒有了，如果有健康，可以再搵。所以每日一定要有運動，一定要保持心理愉快。一班人就在互相鼓勵之下，各自離去。

自己身體自己救

有位中年朋友自恃仍然身壯力健，某天彎下身來提取一箱啤酒，還未伸直已經扭傷了半邊腰身。目前走路一手撐着傷患處彎着腰一步一步的走着，像個糟老頭。他說最痛是坐着吃飯或者休息後站起來，所以他寧願站着吃東西、講話、看電視，實在苦不堪言。

許多醫生、健身導師都不斷提醒我們，要把擱在地板上的重物提取，記緊不是彎下身，而是整個身體蹈低再量力而為地提取。許多人以為自己行得跑得跳得，就不顧保養，容易扭傷，這也許表示你平日缺乏運動，久坐多病，而且會在不知不覺間導致肌肉在流失。

一位讀者問：她每星期做兩次全身按摩，可以防止肌肉流失嗎？只是有點幫助，但自己身體應該自己救，最好的方法是運動，例如：拉筋、耍太極、慢跑等等，每日至少半小時，還要是帶氧的。讀者又問：拉筋跟做瑜伽是否一樣？是差不多的。但瑜伽可以幫你塑造身形，看來更有綫條美。我因為活在忙碌裏，所以只做拉筋和各種可以紓緩筋骨的運動，再加慢跑，日日晚上開動，至少一個小時。

珍惜自己的身體

因為自小愛動，非常頑皮，所以一直以來都有運動，如：跑步、打網球、羽毛球、遠足等，拉筋更是未停過的，做的動作是小學中學上體育課時學識的基本體操運動，例如：彎腰伸手貼地、壓腿、舉手張開伸手向後數一二三四等等。

現在當然聽從專家建議多加了一些動作，做約三十分鐘，完成後全身微微出汗，十分舒暢。本來日間壓在心中的不快、仇恨，這時都煙消雲散了。做拉筋的好處是佔用的空間不多，可以躲在房間進行，節省許多時間，同時收效大。

為了增加肌肉的彈性和柔軟度，別忘記每天用至少十五分鐘做拉筋，要記住正確的呼吸。初學者應循序漸進，因為筋太硬的話，肌肉及血管會出現伸縮困難，容易引發各種心血管疾病。筋肌柔軟，心血管自然年輕，促進血液循環去水腫。説白了，拉筋就是伸展運動。哪怕一個維持半分鐘的懶腰，也是有益身心。

記得許多年前，我曾教大家做的搓腹運動嗎？（見《亮麗一輩子手記：從身．心排毒做起》第九十至九十一頁）每日可以做一次的話，也能為你的五臟六腑帶來好處啊！

每日拉筋保健康

如果有胃痛、胃病，每日做拉筋可以消除這些徵狀。胃痛通常由壓力、消化不良等引起，食胃藥不是一個辦法，只是治標，並不治本。拉筋運動可以把身體的狀況改善過來，增強血管順暢和健康。中醫學常說的「通則不痛」就是這個道理。做運動尤其拉筋必須有恒心，每日進行，不能一曝十寒。有些人是記得就做，或者心情好就做，沒有持續性，效果就不能彰顯，本來已拉鬆了的筋肉，由於停止運動一段時日，又打回原形變硬了。這不是好可惜嗎！

有些人一旦緊張，不僅會出現胃痛，還會頭痛呢！拉筋可以令人變得平靜，消除神經緊張，頭痛也能不藥而癒了。我以前有個同事，常常鬧頭痛，於是就常常吃止痛藥，像吃水果糖一樣，慢慢連止痛藥都不見效了。於是去看心理醫生，醫生提議她去學拉筋，後來，聽説長期的拉筋令她心理和身體也回復了正常。

做赤腳大仙

話說美國讀者 Carol Cheng 到我公司來探訪的同時，也跟我和同事們分享運動與養生的重要性。她先是推薦深蹲，接着是推薦在家裏赤腳走路。如果怕凍或不小心腳趾踢到枱或凳腳，造成劇痛或損傷的話，可以穿上襪子。有時在公園會看見有人脫掉鞋襪，赤足在草地上行走十來分鐘，說是讓雙腳接地氣。

地氣就是自然界中的能量，天天接地氣吸收自然界能量，藉着身體這個導體把能量傳送四肢百骸，增強體能，減少傷風感冒，有說法是，赤腳踩踏地上有一種放電的功能，即是釋放身體中無益之靜電及多餘的生物電，如古人所說「人得天氣而生，稟地氣而長」。

Carol 補充，光着腳接觸地面，既能按摩腳底穴位，「腳底是所有穴位聚集的地方，腳底踩在地上就彷彿在做腳底按摩，藉助自然界的能量來平衡健康，何樂而不為。」我記得推廣用自然方法來養生強體的周兆祥博士，是赤足走路的。某年，去他在新界的家訪問他，他就是赤足走到村口來接我。為了養生，我也嘗試在家赤足走路（不過穿上襪子）。

勿讓肌肉流失

鄰居一位屬於中老年的太太，一日來跟我説，她最近腿部有毛病，才走過兩條短短的街道，腿就無力兼痠痛。家人連忙帶她看骨科醫生，醫生一輪檢查後，着她每天去跟物理治療師學習腿部運動。做了兩個星期情況大有進步，她開心得不得了。

説明白了，是她長期地養尊處優久坐不動，活動量不足所致。人從四十歲開始，肌肉就會加速流失，容易招來各種慢性疾病，例如：走路不靈光。所謂「人老腳先衰」，任你的皮膚如何光滑靚正，但走路時一拖一拐的姿勢，恰恰向全世界宣布你是真正的老了，或者是顯出未老先衰的情況。

醫生告訴我們，運動能刺激新陳代謝，可以增肌兼延續老化。醫生説，如果我們每個星期有一百五十分鐘的中等高度帶氧運動，再加上至少兩次肌力運動，必能有效地預防、控制心血管疾病、糖尿病和癌症。同時，也可以去除憂鬱、焦慮的心理疾病。要有身體的健康、精神的健康，才算是擁有真正的健康，此二者必須平衡。常運動不強求，方能保持腦筋清醒。

肌肉的用進廢退

在香港出版印刷唱片同業協會的預祝國慶晚會上，給朋友A一把捉住，說看了我講及的有關肌肉問題：「我正正遇上了你寫的問題。」是哪個與肌肉有關的問題呢？我問她。「肌肉流失呀！」她答道。

看她精神奕奕，中氣十足，不肥不瘦，五十上下。問她怎麼知道自己肌肉流失？她說，幾個月前認識她的朋友同事家人，都說她瘦了許多，至於她自己則覺得胃口大不如前，怕有甚麼暗病頑疾，於是去做身體檢查。

結論是她的肌肉在流失，建議她多吃富蛋白質的食物如：豬瘦肉、雞蛋、雞肉、乳製品等等，同時盡可能養成均衡飲食的習慣。之所以要多吃蛋白質，是因為蛋白質是構成肌肉的重要元素。

另一方面，每日要有半小時的運動量，當中包括了急步行、練習手部握力。肌肉是要常常使用的，所謂「用進廢退」，常使用如：抽空做家務、做柔軟體操都會促使肌肉的生長和保持良好狀態。一旦缺乏使用和訓練，肌肉就一步一步的萎縮。

測試你是否有「危肌」

台灣地區醫療界稱肌肉流失為「危肌」，呼籲年近五十的人士需好好保護肌肉。因為從這個歲數開始，人體肌肉會逐年流失，若不積極維持肌肉量，對健康必然會造成連鎖影響。

例如：四肢無力，步行不過十分鐘已經兩腿不聽使喚，累得要停下休息十分鐘才能繼續行走；例如：出現膝蓋關節疼痛；又例如：容易跌倒，造成骨折、失能和長期臥床等等。這些現象都會令我們的生活品質下降，壽數下降，所以不能掉以輕心。

當你發現擰毛巾已力不從心，擰不乾；罐頭打不開，走路時沒有以前的輕巧，就得好好反省了。醫生教我一個「小腿測量法」，以進一步驗證是否有肌少症。方法是，兩手虎口張開圍成圈，看是否能圍住小腿最粗處，如果能圍住的話，則可能代表你的肌肉質量不足。

當然，肌少症是老化的一個自然現象，只要有適當運動和營養補充，絕對可以減緩肌肉流失的速度，維持肌肉的功能。

別讓「蚯蚓」爬上腿

坊間有「多坐一小時，減壽二十二分鐘」的說法，事實上，久坐缺乏運動，還會出現一個常見的良性疾病。此症在大城市裏，每五個人會有一個患上，尤其是女性。猜得到嗎？

對，那是腿部靜脈曲張，雖說是良性，一旦去到嚴重情況，可能會發生血栓。當血栓隨着血液循環到心臟和動脈，分分鐘可能有肺栓塞而危及生命。靜脈曲張主要和遺傳、年齡、外傷、性別、生活習慣和懷孕有關，特別是有家族史的、年長的，或因工作經常久坐、久站的，都是高風險族群，他們的下肢會出現腫脹和抽筋。

歸納來說，如果有以下情況，請立即延醫診治：一、腿部鼓脹暴青筋，呈現一團一團凸起。二、俟下午傍晚，腿部出現疲、腫、痛。三、夜裏時常有腿部抽筋。四、小腿前側有色素沉澱。五、靜脈曲張的部位有慢性皮膚炎或出現潰瘍傷口。再看靜脈曲張的形態，腿部的微血管呈現蜘蛛網絲的樣子，或者是血管一如蚯蚓般扭曲現青筋。俗語常說「治未病」，從今日開始記得每日做拉筋運動。

不妨礙工作的運動

出現靜脈曲張的原因，好多時是由於長久站立或長久坐着，使下肢血液回流不順暢，開始時下肢常有腫脹痠麻的感覺。我認識的一些售貨員，她們必須長時間站着推銷貨品，如：化粧品、衣飾等，她們說，到下班時雙腳已經腫得很，特別是穿着高跟鞋的售貨員。

此外，那些坐在辦公室工作的，為了趕沒完沒了的工作，可以一坐就六、七個小時。我曾因應這個情況，提醒讀者們每隔一個小時就大大的伸個懶腰，去一趟洗手間或茶水間、廚房，沖杯茶甚麼的，好讓身體活動一下，讓血液暢順一下。但得到的答案不是忘記了，就是由於跟時間競賽，所以一分鐘都要抓緊。

這個我是明白的，儘管工夫長過命，但善盡職守按時交「功課」的人實在太多。不過，健康還是不能忽略的，萬一健康出岔子，病倒在床上甚或進了醫院，要完成那份工作豈不是遙遙無期？那麼你坐着不願離座的話，又盼望無損健康，我提議你每半小時做一次「踮腳尖」運動（見第四十五頁）。提起腳跟，踮起腳尖，讓小腿的肌肉收縮、擠壓，讓下肢血液回流順暢，氣血飽滿。

以下分享給各位的伸展運動，不論在辦公室或在家工作都合用。

一、拉手抬頭：雙臂舉高伸直，夾背，手肘下拉，仰頭。

五次為一組，做三組。

功效

拉伸背部肌肉。

二、合掌擴胸：胸前合掌，然後夾背，擴胸，仰頭。

五次為一組，做三組。

放鬆胸部和背部肌肉。

三、抬手仰頭：反掌十指交叉，抬手拉腰（似伸懶腰般），仰頭。

五次為一組，做三組。

功效

紓緩緊繃的肌肉、改善血液循環。

四、反掌拉伸：左手伸直，反掌，右手握住左手掌向內拉。維持二十秒，左右掌各做五次。

功效

拉伸手臂肌肉。

五、頭頸相爭：手抱後頸，手肘向下，然後夾背擴胸，仰頭。
五次為一組，做三組。

功效
紓緩肩頸痠痛。

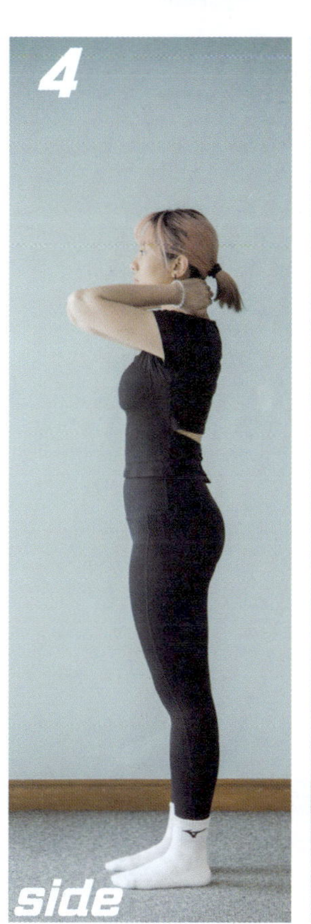

1

2

3

六、伸展腿肌：雙手撐牆，以弓箭步拉伸後腳小腿肌肉。維持二十秒。

左右腿各做五次。

功效

伸展小腿、大腿肌肉。

消除腰頸背痛

「張合嘴巴美顏操」（見第一百一十八頁）廣義來說，也是一種拉筋運動，男女合用。不過，要延年益壽、健康美顏，單憑這兩招局部運動還是不足夠的。今日與你分享第三式，就是經常做扭頭轉脖子的頸部運動。對於時刻對着電腦工作、低頭看書、繪畫等動作的你，這個招式不僅防治頸椎骨刺，亦能提神醒腦。

一、坐在椅子上，抬頭，盡量後仰（數十下），再將頭慢慢向前俯至胸前止（數十下），連做十次。轉換頭部位置時動作要慢，停一秒才去另一個位置。這動作是讓頸背的肌肉群先拉緊然後再鬆弛。

二、接下來，仍然坐着，雙手下垂，身體向左側傾十秒，坐直，向右側傾十秒，連做十次。

三、坐直，把腰背緊貼在椅背，雙手抱握在頸後，停留三分鐘，連做三次或以上。完成後，用手按捏頸背至少兩分鐘，以暢通淋巴腺、消除及防止頸後凸起的「富貴包」，並紓緩五十肩。

1

2

一個身體健康、神清氣爽的人，可以掃走抑鬱情緒，身心皆康泰就等於有希望、有機會，而且與人相處必然融洽，不會因為人家的一句說話而生氣一輩子。

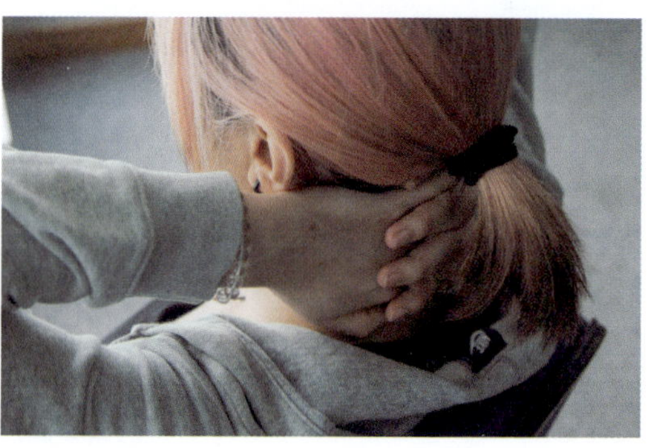

可怕的腳底痛

有許多長者或長期臥床的病人，久不久都會出現小腿抽筋的情況。

我認為主要原因是血液循環不良、肌肉流失，令筋膜沾黏。因此，每日給予適度按摩，是很有效的預防方法。

但要免除肌肉流失的危機，運動（例如：拉筋）是最好的方法，此所謂自己健康自己救。按摩的好處是甚麼？中醫學指出「通則不痛，不通則痛」，這裏當然是指氣血通暢，所以按摩能有效地緩解痛楚。

據專家解釋，按摩時能觸及身體各個穴位，能刺激到非痛楚或者是神經纖維受體，因而阻止痛楚信息進一步傳送到腦部，達到鎮痛功效。按摩之所以能夠提供一個優質睡眠，讓我們一覺睡到天明，是因為按摩能夠鬆弛緊張的肌肉，鬆弛神經，改善血液循環，令情緒獲得平和不再緊張，減低焦慮。

如果不做人手按摩，有甚麼方法可以達到同樣效果呢？就是在臨睡前，用熱水加艾粉和薑粉浸腳，熱水浸至腳眼已經足夠，只需浸泡十分鐘，便可以消除腳跟痛，紓緩筋膜炎。

艾粉
薑粉

踢走未老先衰

我的好朋友們，不論男女，都愛美且怕老，為了把老態延緩，說最好的方法就是每日拉筋至少十分鐘，再加上步行，再加上好心境。

大家最怕是未老先衰。才四十多歲，左看右看都給人六、七十歲的樣子，步履蹣跚，不是一步一步的走，一點勁頭都沒有，腰板不挺直、寒背，加上頸項活動不自如，說話有神無氣，反應不夠爽快；如果再加上終日面黑黑或者愁眉苦面，皮膚又缺乏光澤，分分鐘會給人誤會有病或者是老人家。

拉筋能夠維持肌肉的柔軟度、緊致，促進血液循環去水腫，更可令心血管比較有彈性，具彈性的血管有助緩解血壓問題，並可改善中老年的動脈硬化問題。此外，又可解決膝頭痛的困擾，令你可舒舒服服地上落樓梯、斜路。

大家只要有恒心，大天能夠做至少十分鐘的拉筋，尤其在臨睡前及起床後，這樣可以有效地增加關節的靈活性，改善面部及四肢的水腫問題，紓緩經痛，減低不良姿勢而導致的肌肉痠痛和腰骨痛，還可以促進新陳代謝，使腸胃暢順。

每日運動保健康

起床後

一、**空中踏單車**：躺在床上雙腿像踏單車一樣，過程中要保持下背貼床，盡量收緊核心肌肉；一組大約踩二十下。

1

2

二、坐床前伸：動作簡單，拉伸全身後側肌肉。坐在床上雙腳伸直，雙手慢慢往前觸碰腳尖和腳心，直至感到輕微緊繃（膝蓋保持伸直），維持二十秒。

三、床邊站立，直腿彎腰收腹，盡量雙掌貼地或抱膝（膝蓋保持伸直），維持三十秒。

功效

有助氣血運行，叫醒睡夢中的細胞。

中午飯前

深蹲

手腳分開與肩同寬，吸氣，雙臂前伸，與地平衡，臀部慢慢向下蹲（約九十度），脊椎應保持中立位置，維持二至三秒。（二十次為一組，每天最好做五組。）

功效

有助強化核心及腿部肌肉，減輕膝頭痛楚；並有助收緊肚腩和改善血液循環。

晚上臨睡前

一、**原地跑步**：強化血管及呼吸系統功能。（做十五分鐘）

二、**平甩功**：全身放鬆，雙腳分開與肩同寬。開始平甩的時候默數一至五，待平甩至第五下時，屈膝微微蹲彈兩下。重複動作，共十分鐘。

功效

能活血通脈補元氣，有助安睡，消除膝頭痛楚。

1

2

3

日常的伸展運動

一、用木梳梳頭，可促進頭皮血液循環，能幫助保持頭皮、頭髮的健康及防脫髮，睡前使用有助提高睡眠質素。

二、平板支撐：手肘與肩膀同寬，位於肩膀正下方。背部、腹部和臀部形成一直線；平穩地呼吸；維持三十秒。

功效

鍛煉核心、順便練腹肌，能紓緩減輕腰瘦背痛的症狀。

腳踭痛

扁平足是促使腳踭痛的原因嗎？所謂扁平足，是指足弓弧度過小。不過，足弓弧度大的，由於增加了腳板底的負擔，故亦會引起腳踭痛。這是都市人常見的痛症，特別是每天都穿着高跟鞋的女士，腳板底痛、腳踭痛是家常便飯。

這是足底筋膜炎，紓緩的方法當然是改穿對腳部提供承托、避震等功能的鞋。當然，亦要減少穿着平跟鞋，避免走路時對腳踭造成壓力。有人因為腳踭痛而不願意走動，結果令身體發胖，對下肢增加壓力，一旦行走時腳踭就痛得寸步難移。為了紓緩這種痛楚，做些拉筋動作是很有幫助的。

一、踮腳尖：扶着椅背、雙腿腳趾踮高然後放低，但腳踭不觸及地板。如是者做一分鐘，每天早晚各做一次。

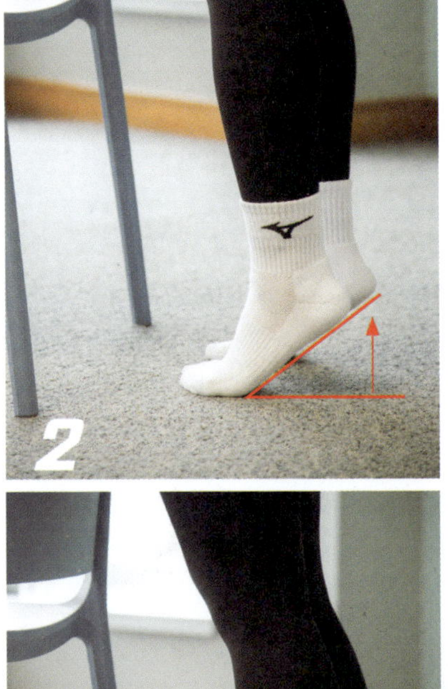

二、雙手向前伸直按牆壁。先來右腳提高九十度角（可以的話，再提高一點），停一秒，緩緩向後伸但不可觸及地板。停一秒，返回先前把腳提高的動作。如此來回做十次。跟住就是左腳用同一模式運動，每天做一次。這個拉筋動作還可以消除膝頭痛。

三、用艾粉、薑粉加熱水浸腳十分鐘。

小動作大功效

對於踮腳尖以消除腳踭痛這個運動，我還有一些地方要補充的，就是踮腳尖時盡量拉緊小腿腹至出現抽緊的程度。

其實，這也是一個防止肌肉流失的腿部運動，當肌肉練得結實，虛胖就會消失，所以也被視為減肥的一個好方法。

虛胖其實是水腫，當水腫給消除，人就會回復正常體態。一位醫生説，這個每日踮腳尖的運動，有預防骨質疏鬆、降血糖、降血壓的作用。這簡直就是小動作大功效，不過，你一定要有毅力和恒心，不可一曝十寒。

為甚麼這個踮腳尖運動有如此威力呢？原來，當我們踮起腳尖抽牽腿腹，等於給予身體一定程度的負荷，能有效地刺激全身的骨頭，使之釋放骨鈣素。

這種骨鈣素有活化全身臟器、預防動脈硬化、改善認知機能、改善糖尿病等作用。踮腳尖後，當腳跟落地時，其重力是體重的三倍，此重力能給予骨骼細胞刺激，活化骨鈣素的分泌。

不要忽視雙腿健康

我坐着工作時，也有久不久做「踮腳尖」這個運動。如果方便的話，我也會做一個踮腳尖走路一至兩分鐘的運動。赤腳踮起腳尖走兩分鐘，是收緊、擠壓小腿肌肉的有效方法，一天做三、四次，讓下肢血液的回流更加順暢。

有謂：人老腳先衰。雙腳健康不衰，就不會未老先衰。這些小運動必須長期有恒心地進行。要有收穫就必先要有付出，要靚要容光煥發、行動矯健就懶不得。日本有位八十多高齡的女時裝設計師，名叫 Yuki Torii（鳥居由紀），她的設計不怎麼樣，但每年仍然推出春夏和秋冬系列，已經五十多年了，依然有市場。

她受到日本女士喜愛和尊敬，那是因為她十分努力地做保養工夫，永遠衣着得體入時，腰板挺直，一點不顯老態。外表看來不過五十左右而已。她告訴雜誌記者，每一日不管多忙，她都會早起食早餐、熱茶、雞蛋、沙律、麵包，天天一樣的款式。此外，每日騰出四十分鐘做拉筋，樂觀地生活，多大笑、少抱怨。

伸筋拔骨

為甚麼人老了、年紀大了，身材會變矮，甚至會出現駝背，還有伴隨的就是腰疲背痛？尤其是那些身型高大的人，一俟年紀老大，無論男女，人就彷彿縮了水，矮了一截。

根據研究所得，主要原因是骨質疏鬆引致脊椎體壓縮性骨折，讓椎骨被壓成楔狀或被壓得扁薄，使脊椎的支撐能力下降而變彎。結果，身材縮水了。

因此，每日做拉筋、運動，以強化骨質和保持軟組織的韌力是十分重要的，不單能使大腿肌肉停止流失，改變頸椎、腰椎的僵緊狀態，紓緩肩、頸部肌肉的繃緊、疲累和痠痛。

每日做挺胸夾脊四十下，以二十下為一組，是使人體挺拔不駝背的良方。有人因為每日堅持做伸筋拔骨的體操三十分鐘，竟發現自己增高了。原因是有些扁縮了的椎間盤（纖維環），因為得到氣血的滋養而恢復且變厚了。

如此這般，每一節椎間盤皆增厚一點，結果成條椎骨變長了，活像給拔起來一樣，不正是伸筋拔骨嗎？

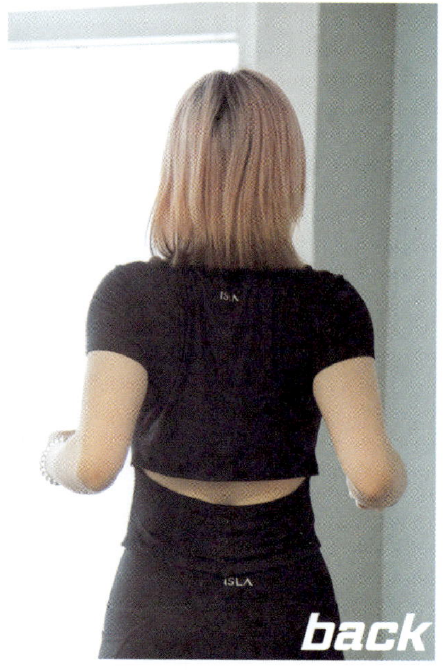
ISLA
ISLA
back

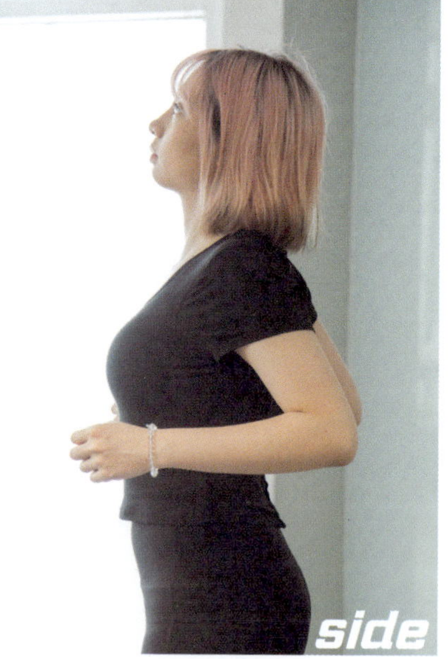
side

伸個大大的懶腰

我們常常聽到「筋舒則長」這個道理，這裏的「長」，並不是長短的「長」，而是長大的「長」，即是説筋骨好則身體長得強壯，不會行路無力，也不會上落樓梯膝頭痛。

許多人都明瞭這個道理，甚至正在周身無力病懨的人，都知道每日做運動的好處，都知道會令她起死回生，但就是缺乏恆心毅力。每次問她有沒有按教導每日抽至少十分鐘去做一些拉筋動作，得到的答案不是「忘記」了，就是「我好懶惰，提不起勁天天的一二三四五的做十分鐘，躺着給按摩算了。」

看着她走路時名副其實的舉步維艱，要家務助理扶着的同時她自己也必須有拐杖幫忙。勸不動她的親人、朋友只好乾着急。再這樣下去，好快就要坐輪椅了。

教人強身健體的師傅説，筋就是軟組織，在關節中最豐富。不運動、不拉筋，它們就變僵硬了。哪怕是每小時伸一個大大的懶腰，也是對筋骨有利的。所謂伸筋拔骨，就是這個原理。

1

2

強化大腿肌肉的方法

鄰居靚太跟我說，她這兩個月來走路有困難，問我如何是好？

我問她，腿部發生甚麼事？而所謂的困難，是甚麼導致的？她說兩條大腿都無力，才走了二十步左右，已經要停下來，休息差不多五分鐘，才可以再起程。

靚太今年七十歲左右，出入有司機，家裏有兩名家傭負責打點家務及所有膳食。她自己最大的享受是坐着看電視，上美容院扮靚修甲兼按摩，明顯地是缺乏運動，加上年紀的關係，肌肉在慢慢流失了；只怕她有其他疾病，因為柏金遜症的初發期也會出現腿部無力這徵狀的。

我給她的建議，是即日開始每天騰出幾分鐘做一個深蹲運動（見第三十八頁的示範）。大家也不妨跟着做。每次十下，每日做三次而已。

做深蹲強身

深蹲的好處不僅在收腹減肚腩，主要在鍛煉肌肉、強化肌肉。

人體的肌肉有六至七成聚集於下身，許多人到了六十歲左右開始走路力不從心，兩條腿似乎沒有了氣力，甚至走路時有疼痛感。這是肌肉流失的一個現象。深蹲主要在訓練下盤肌肉群，例如：股四頭肌、股二頭肌、臀大肌以及小腿肌，令它們強健有力，不再流失。

因為做深蹲時，差不多動用了全身的肌肉，是以長期的鍛煉既可以幫助到全身肌肉生長，又有燃燒脂肪的功效。這個運動的好處之一，是隨時隨地可以做，而且簡單。教練說就算是起立坐下這個動作，都可以算是深蹲。

肌肉正常了，人的日常動作就會變得靈活，不會有失去平衡出現跌倒、受傷的情況，又可同時鍛煉心肺耐力、強化骨骼、腸胃暢通。當你蹲低時，主要在鍛煉大腿後面的肌肉；起立時，則是鍛煉臀大肌和股四頭肌。

原地跑的好處

近年流行原地跑，聽說是由日本綜藝節目提倡的運動，一下子就爆紅了，即是不必到公園或街外跑步，但有跑步的效果。

幾年前，我已加入了原地跑行列，喜歡它慳時間，因為在家裏也可以「跑」。睡房、客廳、廁所、廚房，總之有容身的地方就可以進行原地跑。詳細一點說，是在固定位置仿效跑步的動作，雙腳交替抬起，膝蓋彎曲，雙臂自然前後擺動如此而已。

我以前跑步的地點，必定是公園的緩跑徑，但公園與我住所有一定距離，這樣的一來一回在時間上十分划不來，很是浪費。但我不愛跑街，主要是灰塵大，回到家裏必須由頭洗到腳，亦是一番工程。天天如是，我吃不消。

自從知悉原地跑這種革命性健身法後，我就成了一分子。我初期每次跑十分鐘，然後逐次增加，從二十分鐘至二十五分鐘。它不同於慢跑，雖是在原地跑，但姿態、快慢跟標準跑步是一樣的。記住高膝抬腳、盡量腳後跟踢臀，增強臀部的參與，每星期至少跑三次。

紓緩坐骨神經痛

許多長時間做案頭工作的人如我自己，好容易因為久坐而致骨盆出現疲累，甚至移位。有一個叫做金字塔式的拉筋，可以避免及消除這種痠痛。我是每日都會做的，納入成為我的拉筋功課之一。

方法好簡單，雙腳站直，然後讓它們前後分開，腳趾向前，接着上半身向前彎曲，雙手也向前伸，盡量貼着地板，維持三十秒，慢慢站起來換另一隻腳做同樣姿勢。拉筋的時候，要感到腿筋和腳筋有拉扯感，每日早晚各一次。這個金字塔式拉筋動作，可以幫助骨盤重回正常位置，不再痠痛。

除了拉筋外，每日步行也是個好運動，穿上舒適的波鞋，走路時腳跟先着地，然後才一步步的行。辦公室一族不要一味坐着工作，應每小時停下來伸懶腰至少十秒，再站起來去飲杯水，洗洗手。一來使肌肉放鬆一下，不那麼繃緊，二來讓腦筋清醒一下，這樣靈感才找到空間進入你的腦袋。

我們的生活當然不僅在工作，也該有家庭生活、嬉戲時間、交誼時間、進修時間，這些都需要有健康的心態和身體，才能愉快地進行。

Chapter 2

養生保健

身體，是需要好好地護養的。

如果健康不濟，正當風華正茂的年紀，
卻周身病痛，縱使有美饌靚衫，
你還會感到人生多美好嗎？
在這篇章，Ling 姐分享養生特飲、湯水、
穴位按摩等，有效易做，
有助你重拾健康，精神爽利，恢復亮麗。

學習珍惜自己

對於現代人的養生，朋友傳來以下九條他稱之為金科玉律的「守則」，囑我在此公開，好讓大家身體健康，愈活愈年輕。那麼，各位不妨參考參考。如果有更好的金科玉律，請傳給編輯轉交給我，好讓我跟隨的同時，也與各位分享。

且先來看看以下九個金科玉律。

一、臉要窮養，不必過度清潔。

二、腳要富養，隨時保持溫暖。

三、身要苦養，多出汗多運動。

四、腎要窮養，少吃鹽多喝水。

五、腸要窮養，少吃肉多吃蔬菜。

六、胃要窮養，吃五穀雜糧即可。

七、心要窮養，飲食清淡水平和。

八、肝要窮養，多吃蔬菜少喝酒。

九、肺要富養，多吃蒸燉少煎炸。

看完以上的養生提點後，讓我想起一些我們常記心間的養生小秘訣來，例如：久坐多病；又例如：要有充足的睡眠，盡可能不捱夜；又例如：少吃生冷食品，因為有損脾胃陽氣，也耗費氣血。

此外，要常揉腹，雙手重疊放在腹部，順時針方向揉三十下，再逆時針方向揉三十下，能幫助消化、氣血運行順暢，心情愉快。

太過與不及

朋友的媽媽九十多歲，一向行得走得食得瞓得，每日如常做半小時拉筋耍太極，說話中氣十足。不過，近日情況有點不尋常，跟兒子說成日頭暈暈，胃口差，心情又煩躁。兒子於是帶她去看老人科醫生，經過一輪的身體檢查和了解日常起居飲食的習慣後，出來的報告說老人身體含鈣太多。

據她兒子告知，他媽媽最愛每日啃藥丸，尤其是廣告宣傳的維他命丸甚麼的。她一聽說對身體有益，就去一樽二樽的買回家，也沒有請教醫生就按時按候的左吞服三粒、右吞服一粒。

醫生常常提醒我們，胡亂吃市面上的補充劑，縱使是仙丹，如果吃得不恰當，仙丹都會變毒藥。所謂「是藥三分毒」，此消彼長，醫了頭痛可能來了胃痛。至於吃鈣片太多的後遺症，是令血液中的鈣離子濃度過高，就會引起高鈣血症，其徵狀是頭痛、疲倦、昏迷、噁心、嘔吐、肚痛、便秘、多尿、口渴、骨頭痛等等。缺鈣容易引起骨折，但過量吸收鈣也會禍患無窮。

惱人的嘴破

從嘴唇內至口腔內，常見的叫人苦不堪言的症狀是痱滋，原來正確名稱是：嘴破。

天寒地凍，許多人吃完火鍋後，這些痱滋就來了，有人只生一粒，有人會生七粒或更多，連舌頭上都有。其實睡得不好也會生，有人一年都不會生一次，有人卻常常生。醫生說，這是復發性口瘡性口腔炎，一般都是輕微的，捱個十日八日就會自行痊癒。誘發嘴破（痱滋）出現的原因，除了上述提及的以外，還可能是：一、自己咬到；二、有人吃花生、杏仁、番茄、草莓後也會有嘴破；三、精神壓力；四、吸煙；五、遺傳；六、藥物。

至於治療的方法，以我自己為例，如果只出現一粒，雖然很不舒服，但我會忍過去，因為知道它過幾日就會消失了。如果有許多粒，既疼痛又出現飲食困難，我會在瘡口處抹少許幼海鹽（是名副其實的在傷口處撒鹽），雖然痛到飛起，但好快會痊癒。

我試過用內地成藥西瓜霜來治療，亦一樣見效。此外，就是多飲水，少吃辛辣食品、煎炸食品。當然，最重要是避免捱夜。

咳嗽的起因

天氣轉冷，咳嗽特多，尤其生活在會下雪地區的朋友，總是有氣不順要咳出來才舒服的感覺。

向認識的中醫師求教，醫師說，從中醫觀點來看，五臟六腑都有令人咳的理由，非獨肺也。為了防治咳嗽，食物方面要避開的不僅是傷肺的食品。醫師說，木火刑金，肝火過旺。所謂肝火重，能耗傷肺金（甚麼是肺金呢？人身的五行分有金、木、水、火、土。五臟五行為肺金、心水、肝木、腎水和脾土），會加重肺病。胃氣上逆，使胃酸倒流到食道，刺激氣管、咽喉和鼻腔部位，令鼻黏膜發炎，引致鼻涕倒流，呼吸道容易發炎，都會咳嗽。

此外，屬於痰濕體質的人脾虛，容易生痰、氣喘、咳嗽。而腎氣不足的人容易夜咳，甚至會出現久咳不癒。醫師提醒，肝火重的人應避開高糖和高油食品，太燥熱的食物亦應少吃，例如：芒果、荔枝、榴槤、龍眼等。

至於痰濕體質者，應少吃會助濕生痰的甜食和生食，例如：西瓜、火龍果、哈密瓜、奇異果、生魚片、水蜜桃、橙等，因為容易引起咳嗽。

抗衰老斷食法

我正在替出版社寫一本書（大製作，哈哈哈），當中包含的一個美麗且有趣的靈魂，就是香港大學醫學院的楊紫芝教授。

楊教授身材瘦小，許多退了休的、老態龍鍾的醫生、教授都曾經是她的學生。今日的楊教授依然在瑪麗醫院、養和醫院兩邊走。四年前，才放棄駕駛執照不再開車。我因外子的關係與她認識、交往二十多年。

今天，她依舊聲大大，一見到我就喊道：「李韓玲，你個仔好嗎？」走路仍然腰板挺直，一頭銀髮濃密又卷曲。我羨慕她的瘦而康。她說，她年輕時胖嘟嘟的，待年紀漸長知道肥胖並不是一件好事，於是她從此三餐規律，即是好好吃三餐，中間不吃零食，只飲茶或水，晚上絕不吃宵夜。

這是她的養生之道，因為睡眠時把食物養在胃裏，是致胖原因之一；此外，容易出現胃酸倒流。一位注重健康的醫生說，最好能晚上七時前吃完晚餐，到翌日早上七時再吃早餐，這樣就有十二小時是不吃東西的了，也算是一種微斷食。

老奶奶的長壽物語

一個人可以長命百歲，原來已是稀鬆平常事。我一位朋友的媽媽，今年一百零三歲，依然十分注重自己是否儀容得體；半年前，她因扭傷足踝入院留醫，隨身「行李」就包括化妝箱。

聽說每日起床後吃早餐前，必先化個靚妝。醫護人員還以為她只是八十歲多一點。她透露自己的保養秘訣，就是每天運動、均衡飲食、愛扮靚及愛笑。

近日，內地新聞報道一名居住於四川某鄉鎮的老奶奶，與家人親友一起慶祝一百二十四歲生日。老奶奶身體壯健頭腦清晰，愛說話。當大家祝賀她生日快樂時，她幽默地說自己之所以能活到如此高齡，全因為閻羅王忘記了她，讓她好能一年一年地看着人間世的滄桑變化。

記者問老奶奶的長壽之道，她說自小就愛勞動，不怕吃苦。無論家境際遇是好是壞，她都不會怨恨，家裏有甚麼吃甚麼，有一樣食品，是她每日都必吃的，她那六十歲的孫子告訴記者：「她每餐都必須有豬油拌飯，不是小小一茶匙而是一大球，像魚蛋大小。」

柏金遜症年輕化

踏入五十歲，大家都害怕有一種叫做柏金遜的病會纏上身來。到時意識不清、手騰腳震怎麼辦？正如四十多歲就滿手老人斑一樣，世界？命運？總愛跟我們開玩笑。有人活到一百多歲，皮膚依然靚靚，腦筋依然清醒，手腳仍然靈活。有人為此下結論：「中了招的不要想不要恨，人家就係事前準備工夫做得好。」是的，對有準備的人而言，年齡不過是個數字。

讀者梁先生跟我說，他今年五十多歲，五十一歲那年，某日吃飯夾菜時手抖，心裏彷彿來了警報，飯後他去拿筆寫字，測試情況，竟出現啟動困難，字迹潦草愈寫愈細。翌日，站立及坐下時，上半身不自覺往右側傾斜，連走路時也有異樣，就是駝背同時右手不擺動，右腳常常踢到地上。

此外，他說跟人家交談時，往往忘記正在說甚麼，還有愈講愈細聲，聲音變得沙啞。他太太馬上要他去看醫生做檢查，他自己感到十分驚恐，心知不妙，不斷在問：點解係我？醫生懷疑他患了柏金遜症，於是展開了連串檢查……

懷疑患了柏金遜症的梁先生，在家人陪同下到醫院看神經內科，醫生聽完梁先生陳述的徵狀後，開始做四肢活動能力和邏輯運算測試。

懷疑歸懷疑，未有確實臨床檢查結果，一切都是懷疑，於是做腦部多巴胺核醫造影檢查。綜合所得，確認梁先生患有柏金遜症。他回憶當日彷彿給判了刑，醫生説這個病，只要醫患合作，是可以控制和好轉的。

第一件事當然是按時食藥，調整心情，接着是每日適當地運動，並且進行一些能夠促進腦力的活動。醫生再一次敦促梁先生，運動是控制、延緩這個病的最好方法，且必須養成規律運動的習慣。

原來，耍太極和踩單車是最適合柏金遜患者的運動。於是梁先生立即拜師每日耍太極，年中無休。問他練太極拳的好處在哪裏？他以專家的口脗告知，其好處是吐納可以促進心肺能力，打拳可以增強腿部肌肉耐力，加強平衡感，鬆弛全身筋骨，活躍腦細胞。聽着聽着，我都想參加。

防治神經系統退化

柏金遜症，並非一種確診了就必須躺在床上的病。其病程是漸進式的，據醫生說，藥物能改善動作徵狀，使患者可以爭取多一點正常生活的時間，善用有藥效的時間多做運動，以延緩神經系統的退化。

梁先生因病提早退休在家醫病，太太則繼續上班。為了爭取更多的運動四肢時間，他包辦了買餸煮飯、洗衣打掃等家務。原來，打理繁瑣的家務，如洗廁所，也是活動四肢和鍛煉腦筋的良方之一。柏金遜症的動作障礙，主要是肌肉和關節僵硬，所以每日做的運動，必須是有助讓關節保持活力和增加肌肉強度的，除了耍太極拳和踩單車外，打乒乓波和跳舞都有幫助。

梁先生說，他做這些靈活關節的運動，如拉筋，每次都超過三十分鐘。同時常做深呼吸，保持心平氣和。如此這般的三個月下來，動作障礙情況大有改善，目前梁先生除了每日做運動、買餸煮飯做家務外，就是每日寫一小時書法，讓手指靈活。還有背古文唐詩，再加上英詩。他自己不說出來的話，根本沒有人看得出他有這個病。

身體肥肉的形成

看見胃腩、肚腩形成的「士啤呔」，無論男女都給人不健康的印象。這些士啤呔都是多餘的肥肉，統稱為贅肉。為甚麼會「搞成咁」？吃得多，不是問題，缺乏運動才是問題，這一切都與三酸甘油酯有關。

三酸甘油酯是我們能量的來源，存在於血液的一種脂肪。由肝臟自行製造或從食物吸收而獲得。一旦身體需要能量時，血液裏的三酸甘油酯即被分解為脂肪酸，成了細胞的能量。滿足需求後，剩下的脂肪酸就會再次轉化為三酸甘油酯，存入脂肪細胞。

如果愈存愈多，又沒有做任何運動把多餘的脂肪分解、趕走，就會化成贅肉。換句話說，就是滿載三酸甘油酯的脂肪細胞迫壓在一起，想想都覺得可怕。這個情況下，就會產生三酸甘油酯過高，可能會患上胰臟炎、冠狀動脈心臟病。三酸甘油酯過高者，通常不會有明顯徵狀。看見自己那過胖、不成比例的身軀，也該有所警惕，馬上進行運動減肥、節食、戒煙戒酒好了。

168與膽結石

減肥也有趕時髦。

傳統的減肥法當然就是節制飲食，每餐只吃七分飽加適量運動，自然就會減磅瘦下來。現在的減肥法，我問過幾個朋友、同事，他們都一臉得意地答：「168」。這是間歇性的斷食方法。

今日一位朋友告訴我，這斷食減肥方法，已進行到只有四小時可吃東西的「204」，真是五花八門。當中重要的概念，是讓腸胃休息。前些時候，聽一位醫生說，為了實行「168」間歇性斷食，許多人都會選擇不吃早餐。醫生還說，有研究發現長期不吃早餐，產生膽結石的風險比率會增加。

這即是說，為了用「168」來減肥而不吃早餐，膽結石會容易找上門來。理由是，長時間不吃東西的話，會讓肝膽處於不收縮的狀態，彷彿一部失去了動力的機器。因為消化食物時，膽囊會收縮，然後排出膽汁，這是它的功能；但如果膽汁沒有機會排出，就會淤積在膽囊內，日日如此，積着的膽汁就會形成黏稠狀，進而演化成膽結石。

因此，醫生勸告大家，不要人做你又做，一窩蜂的以為好有趣。

抗老減肥不強求

為了抗老減肥，與其天天不是「168」就是「204」，萬一不小心搞壞了腸胃及其他臟腑，醫生說，不如用最簡單的斷食方式，就是回歸正常的三餐。

期間不吃宵夜，中間不吃茶點，不吃任何甜品，還有不吃零食，多飲開水。因為如果適當地斷食，老化的細胞會清除得比較快。然後，我們稱之為細胞發電站的粒綫體，便可以更好地再生。

甚麼是粒綫體呢？是細胞內的一種器官，主要功能是產生能量，特別是ATP（腺苷三磷酸），人體在休息和運動，器官和組織的正常運作，都必須仰仗ATP的參與。

一旦粒綫體失衡，將會造成九成以上的慢性病，包括了癌症。

除了為細胞提供能量外，還會參與細胞分化、細胞資訊傳遞和細胞凋亡等過程，可見九成的慢性病都由粒綫體失衡開始。出了問題的粒綫體，可以修復變回正常嗎？當然可以，而且方法很簡單。醫生說，透過飲食、運動和睡眠就能修復了。因此，要督促自己規律地食三餐，晚上七點鐘食完晚餐，是以有專家提議進行復古飲食。

天涼易增磅，怎麼辦？

春寒料峭，三月也飄來涼意，才吃完午飯，到了下午四點左右，已經開始肚餓了。為甚麼？據專家解釋，當身體遇上冷空氣，周邊血管便會收縮，因而令血液循環慢了下來。同時肌肉會發抖，以便身體發熱，製造積存熱量來應付所需要的消耗。

這些變化都會傳到大腦下視丘（是一個掌控飢餓、睡眠的大神經區域。它雖然只有杏仁大小，但在維持我們生命的過程中，起到了至關重要的作用），再由下視丘把信息傳到腸胃，讓人感到飢腸轆轆。其實，你自己也知道不久前才吃了個夠。如果現在因為冷而再次進食，天天如是，必會令你增磅。

原來在溫度低的日子，人們最想吃的碳水化合物食物，包括了飯、麵、麵包等，這些都是增加熱量的食品。這個時候，你該知道如何保持窈窕不增磅了吧？

對了，其中一個法寶就是多飲水。由於溫度低，排汗量減少，飲水量也會大幅降低。但如果水飲得不夠的話，也會容易引起「肚餓」的錯覺。因此，假如三個小時前食完飯又出現肚子空空的感覺，那可能是身體缺水所發出的訊號。我建議你應該多飲熱水，不僅令手腳溫暖，且可促進新陳代謝。

暴食後的養生特飲

大節過後、假期過後，一切又恢復往常，上班的上學的，大家都在收拾心情，期待着下一個長假期的來臨。仰望西天夜空那漸漸走向圓滿的月亮，禁不住輕叫一聲人生多美好。且慢，如果健康不濟，正當風華正茂的年紀，你卻周身病痛，縱使有美饌可啖，你還會感到人生多美好嗎？

對不起，竟然在你沾沾自喜的時候給你潑冷水。事實是，一旦健康欠奉，哪來心情精力資格去享受人生？所以呀，大節過後，好食懶飛放縱自己過後，應該就是重拾健康，減肥清腸胃，讓自己精神爽利，恢復俊美，重新出發抓緊自己人生的時候了。

這幾天，抽出點時間為自己煮一鍋這個湯水吧！材料：花旗參六錢、開冬六錢、甘草三錢、黑棗七粒。費用不過四十多元而已，就這樣用瓦罉煲水飲，連飲四天，一個星期後再飲一次。花旗參性涼，其中的人參皂苷有保健作用，清虛火抗疲勞。而黑棗含維他命P及蘆丁，能保護毛細血管；甘草則補脾益氣、滋潤止咳；開冬則可養陰。

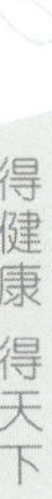

有覺好瞓

睡眠不足或者整晚乍睡乍醒，好不容易才捱到天光。顯而易見，這不是一個優質睡眠。偶然出現不足為奇。但長時間睡不安寧，好容易會使人變得脾氣壞、皮膚毛孔變大、皮膚鬆垂、衰老、高血壓等等。

為了改善睡眠質素，除了足夠運動外，食物的吸收都十分重要。以下列出的食品有助你的大腦、身體變得放鬆舒坦，晚上睡得安寧。

一、鉀（天然的肌肉放鬆劑）：綠葉蔬菜、香瓜、百香果、奇異果、小番茄、全穀類。

二、鈣（能維持神經系統穩定運作）：動物奶或乳製品、小魚乾、紅莧菜、芥蘭、小白菜、黑芝麻。

三、色胺酸（幫助生成可以加深睡眠的血清素）：動物奶或乳製品、魚類、蛋類、香蕉、黃豆。

四、鎂（緩和過度活躍的神經活動）：綠葉蔬菜、全穀類、堅果類、黃豆、香蕉。

五、維他命B_3俗稱菸鹼素（安撫暴躁、焦慮的情緒）：堅果類、豆類、肉類、動物奶或乳製品、全穀類。

六、維他命B_6（改善神經緊張）：海鮮類、肉類、動物內臟、香蕉、菠菜。

七、維他命B_{12}（維持腦細胞正常功能）：動物肝臟、貝類、魚類、蛋類、肉類。

先來一個美容覺

用天然方法來護膚養膚的其中一個方法，就是睡覺。辛勤工作一天之後，我們常常會聽到同事說：「今晚沖個靚涼，然後瞓個靚覺。」我有時因為趕稿（為了抓住靈感）往往搞到三更半夜才休息；也會因為懊惱、擔心、激氣或者太開心，躺在床上眼光光到天明。後來知道，長期缺乏好好地睡眠，會導致發胖、皮膚暗啞、掉頭髮等。

這一驚，非同小可，於是學習調整心態，調整正向的人生觀，讓自己不致未老先衰，從此，已經很少犯失眠了。

就算晚上睡得不好，日間也會找些時間睡個二十分鐘，我稱它為美容覺。睡眠充足，不一定是睡個七至八個小時，總之是「夠瞓」，人就會衝勁十足，學習無難度，而且記憶力強。

心情好，自然不會鬧情緒，不會憂鬱。人會變得冷靜，曉得如何去面對困難。人輕鬆了，壓力紓緩了，自然從皮膚展現出來，本來乾巴巴的皮膚，死魚眼一樣的雙目，如今全改變過來了。辦公室裏的許多問題，家庭裏的許多紛爭，都會靈機一觸，計上心頭。

不必強迫睡眠時數

好好睡一覺，不管是七個小時還是一個小時，都是人生一大享受。累極能找到機會休息，一覺醒來又是新的一刻，帶着飽滿的精神和愉快的心情再戰江湖。

對於睡眠，我們幼承的庭訓就是早睡早起身體好，彷彿是金科玉律。可是，到了上中學以後，因為有開夜車溫書趕功課這個學生時代的插曲，早睡早起已不管用。有了工作和社交生活的人生，為了與時間競賽，更不可能自律地早睡早起，而是追求有足夠及優質的睡眠，讓自己可以隨時地回一回氣，為透支了的精力加油。

因此，不必強制自己早起早睡，但要強制自己有充足的休息，讓身體分分鐘處於神清氣爽的狀態，這有助於增強免疫系統的功能，提高抵抗力。缺乏足夠的休息，會導致賀爾蒙分泌失調，影響正常的新陳代謝和運作。專家説，肥胖激素會上升，日子有功，你就會變了個肌肉鬆垮垮的大胖子。充足的休息有助降低高血壓、心臟病和中風。睡得好，與細胞的修復、生長有關。換言之，就是青春常駐。

着番條長褲瞓覺

相信你母親亦會從小耳提面命：「睡覺時應該穿着長褲。」一是預防着涼，還有一點，聽我慢慢道來。

因為我有每日運動拉筋至少四十五分鐘的習慣，是以久不久好夢正酣時，就出現小腿抽筋，痛得猛醒不特止，往往有「隻腳斷喇、隻腳斷喇」的恐懼。

原來，下肢在日間經過運動或其他活動後都會疲勞，夜間睡在床上，筋膜會縮短，出現緊繃的情況，再加上晚間氣溫降低，而沒有穿着長褲或蓋上被子保溫，抽筋情況就來了。

因此，睡前做一點彎腰等的伸展筋骨運動，十分鐘就夠了。你也許會説既然運動與肌肉疲勞會令小腿抽筋，那我就不再運動了。這可使不得，別忘記缺乏運動更不利於肌肉健康。專家提醒我們，運動量不足是會增加筋膜沾黏的機會，特別是那些整天坐着不動的人士。

如果每日可以健步行五千步以上，讓筋骨得以鬆動鬆動，必有助降低在睡覺中忽然抽筋的機率。所以，要記住阿媽的話：「着番條長褲瞓覺。」

的士司機教養生

上了的士，我說：「阿叔，唔該去荔枝角。」司機大大聲答我：「我唔係阿叔，我係靚仔。」哦？！係喎！這是我唯一的反應。司機邊開車邊脫下 Cap 帽說：「你看我的皮膚，一點皺紋也沒有，連一粒斑都無。你知嘛，我七十幾歲人㗎嘞！」我連連發出讚美的語調，也問他保養的方法。

他興致來了，一面把車子沿龍翔道疾駛，一面以指導晚輩的語氣說：「飯係要食嘅，但唔可以食太多。餸就不妨食多啲，米飯含有好多醣份㗎！會上火。」

在紅燈前緩緩停下等候時，他指着站在交通燈側準備過馬路的年輕肥仔，說道：「你睇，年紀輕輕有個肚腩，好唔健康，影響心臟呀！食得太多，吸收得太多糖，又唔運動囉！唉！」

這位司機靚仔表示，自己雖然每日工作達十個小時，期間好容易肚餓，「我好有節制㗎！我怕有病躺在床上，連累家人呀！做人最緊要健健康康、開開心心嘛！老實講，甜品都要節制，都係容易上火嘅食物。米有火、甜品有火，兩個火加埋係乜嘢字呀？」我答：「炎。」「對呀，炎在體內就會有燥火，易發脾氣，個人就唔靚㗎啦！」

從炎症到癌症

花店老闆娘沙着嗓子吃力地與顧客溝通，我問她是否喉嚨痛？她說已看了醫生，是喉嚨發炎。

從小到大，我們的身體都會出現各類狀況，例如：喉嚨發炎、氣管炎、鼻炎。醫生說，發炎其實是身體發出的求救訊號，也是對外來入侵者的一種抵抗。急性發炎來得急，叫人提高警覺，要盡快找出原因予以對付。慢性發炎往往沒有明顯徵狀，也沒有急性的嚴重，於是就屢屢被忽略，也有人不去尋求原因，只用藥來硬壓徵狀。

醫生告誡，如果長期不予理會，結果就會弱化免疫系統。有人為了節省時間會自行隨便吃藥，但你要知道，你吃的抗生素會一併殺掉體內外常在的菌叢，增加下次感染的機會。還有，反覆發作的慢性發炎，是不能掉以輕心的。

世界衛生組織國際癌症研究中心（IARC）指出，人體六份之一的癌症，都是由細菌或者病毒感染引致慢性發炎所產生的。問你怕未？

所以呀，慢性發炎可以稱之為沉默殺手，有甚麼癌症是因此而導致的呢？聽我慢慢道來……

胰臟癌和胃癌

反覆出現的慢性發炎，有道是沉默的殺手。

根據我蒐集的資料所得，不妨跟你説説幾個例子。

一、胰臟癌：慢性胰臟炎除了會導致糖尿病，也會一個不小心發展成胰臟癌的風險，至於是甚麼原因導致此癌症呢？醫學界至今還沒有找到是甚麼病毒和細菌引起的。如果知道是某種病毒或細菌所引起的，就可以預防了。推測可能像脂肪肝或酒精肝演變成肝癌一樣，是由某些代謝因子引發。

二、胃癌：根據香港衞生防護中心報告，長期工作壓力大、飲食作息不定時，會有機會患上胃炎、胃潰瘍，更有可能引發胃部癌變。慢性胃炎是細菌引發慢性發炎的代表。幽門螺旋桿菌感染造成的慢性胃炎，也會增加胃癌的風險。一旦治癒了，就會把風險降低。

如果你過重或肥胖、酗酒、吸煙，經常進食鹽醃食物，經常接觸石棉、煤炭、金屬、木材或橡膠，有家族遺傳史的，就必須小心留意。胃癌是香港第六大常見癌症，港人生活緊張常影響情緒，許多人情緒不穩時就會出現胃痛。

癌症病人與燕窩

對於燕窩，許多人都會問，癌症病人可以進食嗎？而我們對燕窩的認識就是，它是一種能滋補強身、養顏美容的貴價補品。癌症病人能吃嗎？

讓我們先粗略地了解燕窩這種高等食品。它含有多種營養成分，主要是蛋白質，多為水溶性醣蛋白，當中含有唾液酸（Sialic Acid），還富含二十多種氨基酸，以及鈉、鎂、鈣、鉀等多種礦物質。

中醫學認為，燕窩性味甘平，是體質虛弱者的優質營養來源，對病後、手術後的復元有助益；同時有抗衰老、化痰止咳的功用。但燕窩含有微量的賀爾蒙成分，例如：雄激素、雌激素、黃體素、濾泡刺激賀爾蒙等，如果病人患的是與賀爾蒙相關的疾病，例如：乳癌、子宮肌瘤、婦科疾病等，都不適宜進食燕窩；不過，目前國際上仍未有正式的研究證實。

正在治療階段的癌症病人，吃進足夠熱量最重要，要補充足夠的蛋白質，可以從肉、魚、蛋、奶類均衡地攝取，真要吃燕窩的話，請先諮詢你的醫生。

免疫力與濕疹

在本地的漁農美食嘉年華 Ling Lee 產品展銷期間，一位長期讀者 Lily 訴說她近年無端端出現的濕疹。她說看完西醫又看中醫，塗了不知多少種說是醫濕疹的藥膏，也依醫生吩咐每日食藥，但濕疹時好時壞，令她痛苦不已。

我說這是免疫下降造成的結果之一。壓力大、心情壞去到一個點，免疫力就會出現問題。我問她，近年是否發生了令她非常不開心的事件，例如：個人或家庭的。Lily 答道，是家裏長輩的問題，令她難於應付，但又未至於情緒崩潰。

濕疹、皮膚敏感、類風濕關節炎等都與免疫有關。我提議 Lily 試試每晚用海鹽水浸浴或者浸腳。假如沒有浴缸的話，可以開一大盆熱水加入適量海鹽（大約一湯匙）。攪勻後，用毛巾為背部的濕疹淋浴。把吸有海鹽熱水的毛巾搭在有濕疹的部位直至水變涼，小腿部位也一樣。不要用沐浴液，洗完後把身體印乾再輕輕拍上適量的椿花油。

三天後，她來電說患處不再滲水，舒服了許多。每人的體質不同，接受程度有快有慢，Lily 算是快的了。我叫她繼續天天做。

清熱祛濕湯水

回鄉省親，獲鄉里贈送三斤多重的粉葛一個，說是自己田裏的出品，還加送一斤自家田裏種的鮮薑，並叮囑說這個春寒淋濕的季節，是多喝粉葛鯪魚湯以祛濕的時機。然後又叫我別忘記把三、四尾土鯪魚在少油的鑊裏煎兩分鐘左右，到水滾了把切件的粉葛、赤小豆、扁豆、一個紅蘿蔔、鯪魚全放進鍋裏。

「如果能加入兩隻煎蛋就更好更美味了。」鄉里如是說。我卻是第一次聽聞煲粉葛湯加入煎雙蛋，那是甚麼玩法？我問他。答案是：「煲出來的湯更加好味道。」我相信自己會試用這個方法。我問要不要加片薑一起煲？鄉里說，湯裏已經放了煎過的鯪魚，夠熱（氣）的了，再放入屬熱性的薑，那就熱上加熱，變成燥了。

之所以必須加入扁豆和赤小豆，因為扁豆含水溶性和非溶性纖維，二者結合可減少患上大腸癌的風險，並能防止消化不良和通便；赤小豆則有利尿消腫的功效。這個湯水有清熱祛濕補氣止咳的功效，加入煎雙蛋的原因，除了好味道之外，我看不到有其他理由。

中暑與鹽水

有電台英文台就中暑問題，訪問了急症科專科醫生 Tim Wong。香港人愈來愈注重健康，在假期時會在本地或外地行山遠足，鍛煉體魄的同時，也在為自己減壓。不過，在香港這個又熱又濕的地區行山，最常有的意外是中暑。Tim 醫生奉勸在行山中出現中暑症狀時，請先靜止下來，再走到陰涼乾爽的地方休息，然後飲用隨身帶備的自製海鹽水。製法很簡單，只消在出發前，把一茶匙幼海鹽加入五百毫升純蒸餾水內，搖勻即成。

為甚麼是鹽水呢？鹽水可以補充失去的熱量及排汗消暑，把中暑造成的傷害減至最低。水份流失太多，輕微的會出現肌肉抽筋，或者是下肢水腫，即是血液都囤積在下半身，使流通至腦部的血流量不足，結果一旦站起來就暈陀陀，甚至昏倒。記住，每當汗水從身上蒸發掉，就會同時把熱量一併帶走。如果當時沒有鹽水，也可以把一點食鹽放到嘴裏作急救。

我家中常備食鹽水，不是作為飲用，而是作護膚用。每次洗臉後，我必用鹽水再抹臉一次，待一分鐘後再沖洗，因它有淡化雀斑、收緊皮膚的作用。

熱衰竭與中暑

根據熱愛山藝、長跑等活動的急症科專科醫生蔡正謙的解釋，一般統稱的中暑（Heat Illness），原來可分為兩大類。一是熱衰竭，另一是情況頗為嚴重的中暑。

熱衰竭（Heat Exhaustion），是指在炎熱的環境下不斷地大量出汗，令身體流失大量水份和鹽份，卻又沒有及時補充，使人感到不舒服，此時，患者的體溫大多是正常或輕微上升，他感到的不舒服包括：口渴、頭痛、疲倦、四肢無力、噁心、嘔吐及肌肉抽筋。此時，他的脈搏微弱、血壓低、膚色蒼白、失去知覺。

至於中暑，則指在無法散發熱能的環境中，令身體的核心體溫升高超過攝氏四十度，同時中樞神經的功能出現異常，有生命危險。患者出現的徵狀，包括：身體感到很熱、皮膚乾燥發紅、流汗不多、心跳上升、呼吸急促、血壓低，一旦持續惡化，病人會神志混亂，不省人事。各種器官可於數小時內出現衰竭情況，甚至出現永久性腦部傷害，嚴重可致死亡。

海鹽與礦物質

海鹽含有大量礦物質，大家都知道，人要活命、要健康，身體不能缺少礦物質，它的重要性是具有免疫作用。攝取充分的礦物質，有助於提升身體免疫力，讓我們有能力抵抗疾病的侵襲，尤其近日疫症有死灰復燃的趨勢，人心惶惶，怕一個不留神，又再來一波禁足封城。故此，人人都保護好自己，是最重要的。

海鹽含有鹼性的礦物質，可以維持身體的酸鹼平衡，讓我們的情緒安適，內臟機能正常，且能強化肌膚及骨骼的新陳代謝。既然知道了礦物質對身體健康的重要性，那麼，欠缺礦物質的身體，又會有甚麼問題呢？最明顯當然有代謝障礙問題產生。有研究指出，這個與癌症、慢性疾病及自體免疫疾病有關。

鹼性礦物質包括了：鈉和鉀、氯和鈣、磷。除了存在於海鹽，還存在於牛奶、海鮮、穀類、番茄、海藻、雞蛋、豆腐、芝麻、乳製品、家禽、堅果、花椰菜、洋葱、菠菜等，可見均衡飲食的重要性。而真正影響我們身體健康的，是鹽的品質問題，故選購海鹽時，也要用點工夫。

我家中常備食鹽水，不是作為飲用，而是作護膚用。每次洗臉後，我必用鹽水再抹臉一次，待一分鐘後再沖洗，因它有淡化雀斑、收緊皮膚的作用。

過鹹傷腎

現代醫學認為，鹽是人的生命活動不可或缺的重要物質。鹽的主要成分是氯和鈉，都是人體所需的重要元素。當中，鈉的主要功能是維持肌肉及神經的易受刺激性，包括：心臟肌肉的活動、消化道之蠕動、神經細胞之信息傳遞等。

有人誤解了不吃鹹就能促進健康，結果恰恰相反，而且人會變得反應遲鈍；但過鹹了則有損健康，會傷骨。因為過度吸取鹹味會傷腎，中醫學謂：「腎之骨生髓」，即是骨骼與腎功能是相關的。骨傷則骨氣勞傷，所以，凡事太過與不及，都不足取。

許多人都有過這個經驗，就是在外面食完一頓飯後，口腔有乾涸或口渴的感覺，必須飲水或汽水來解渴。原來，高濃度的鹹味（鹽）具有強烈的滲透作用，它不單會殺死細菌或抑制細菌的生長繁殖，同時亦會使唾液的分泌減少，口腔內本有的溶菌酶也相應減少。進食過鹹除了口渴外，還令病毒容易在上呼吸道黏膜處活躍，也使咽喉的黏膜失去屏障作用，於是喉嚨痛、感冒等就來了。

減糖行動

與同事討論養生問題。其中一個問題是，甚麼叫做「全食物」（Whole Foods）？這是指那些沒有經過加工或精製的食物，包括了水果、豆類、全穀物、蔬菜和帶骨肉等，這些全食物通常不會額外添加糖或其他人工成分。

提起糖，營養專家都會提醒我們，不要攝入太多的糖，甜品是可免則免。因為糖會把你變肥，讓你變醜，讓你迅速衰老，尤其額外添加的糖會影響你的健康，影響睡眠，會導致代謝疾病和心血管疾病，因此必須謹慎。

華人電視劇的情節，最愛在晚上捧出糖水叫全家人每人吃一碗，卻不知道臨睡前吃糖水會妨礙優質睡眠。糖也會養出慢性發炎體質，增加癌症發生的機率。

今天就開始你的減糖行動吧！想吃甜？最好就是吃水果了。它們是天然甜品呀，既美味又能攝取纖維、維他命和礦物質。乾燥了的水果片也不錯，可以作零食，也可以加入熱水或茶中，讓茶水添加一份天然水果的香氣。

不過，進食水果或乾果也要注意適量，任何食物過量進食也有反效果的。

防治腳氣民間方法

踏進夏季，有一種病已悄然襲來，為某些人帶來不便和苦惱，那就是腳氣。患者的足部（腳趾）會出現痕癢、脫皮和水疱，還伴隨難聞的氣味。腳氣分有三種類型：糜爛型、水疱型和角化型。

這是由一種叫面板癬菌感染得來，這種菌在潮濕的環境中，容易產生及大量繁殖。那些整天穿着不透氣鞋襪的人士最常出事。一旦出現腳氣（香港腳），必須注意雙腳的清潔和乾爽，不要搔抓相關部位，以免引起二次感染。不要與人共用浴巾、洗盆、拖鞋，避免傳染給別人。

如你不幸患上，當然要去看皮膚專科醫生。不過，你也不妨試用這個民間方法，聽說效果不俗，至少可以避免使用西醫的類固醇，而且十分安全。那就是用海鹽水泡腳，民間傳統認為，這方法能消毒殺菌，防治腳氣，尤其對那些整天穿着鞋襪的人士來說，是不錯的保健。但，不是百分百奏效。

這個泡腳水，除海鹽外，可再加入兩湯匙純米醋；醋是酸性對治療腳氣有相當好的效果，還可以幫助恢復體力，預防動脈硬化、高血壓。如果要溫經散寒暖胃的話，最好用熱水加純薑粉泡腳。

石榴籽粉加芝麻油

另一個民間方法，就是石榴籽粉加芝麻油（我的同事説用椿花油也可以）。方法很簡單，預備石榴籽粉一湯匙（看患處面積大小來決定分量），放入一小器皿內，倒入適量純正芝麻油，把二者混合調成糊狀，然後塗抹在患處。如果是腳趾隙的話，用紗布繞五隻腳趾一圈，作用是不讓「藥膏」丟掉，再穿上通氣的棉襪子，最好是晚上睡前包紮。翌日醒來，用溫水洗淨，再抹上椿花油來滋潤及營養該部位皮膚。到了晚上，梳洗後，抹乾雙腳，再用石榴籽粉加芝麻油「藥膏」來塗上。

石榴籽粉有消炎滅菌、抗病毒、保護皮膚的功效；芝麻油富含不飽和脂肪酸和芝麻酚，外用於皮膚能抗氧化、消炎、去乾燥、保護皮膚，但必須選用純正的芝麻油。這個治療香港腳的方法，應該每日換上新鮮調勻的「藥膏」，直至痊癒為止。經過這個經驗，在選用襪子和鞋子時，就要多加留意了。

芝麻油

石榴籽粉

保暖護膚保安康

一旦身體長期出現毛病，必會帶來兩個（至少）徵狀，一是皮膚失去光澤，二是情緒不穩。中醫有謂「寒症夏治」，因為夏天氣溫上升，而為身體帶來暖流的熱量（陽氣）也在大氣中上升。不過，對於那些天天坐在冷氣間工作且有畏寒症的人來說，比甚麼都難受。

長時間受空調的折磨，會容易冷得腿腳發麻、頭痛、肩膀發痠，中醫稱之為寒濕阻滯症，是邪氣入侵的一種。為了在冷氣間工作時避免邪氣入侵，保暖是最重要的。不應穿短裙或短褲，即是不要讓雙腿外露。真要這樣穿着的話，坐着辦公時要在大腿上蓋一張小氈子或一件厚衣服。也不要穿着涼鞋，因為冷空氣容易在腳上停留，必要時可以穿上棉襪子保暖。

除了極冷的天氣外，很多人都愛一年四季開着冷氣睡覺。要知道，睡覺時邪氣最容易入侵身體。真要使用冷氣時，應將時間控制在一至兩小時間斷一次，並把溫度調節至攝氏二十七至二十八度，微涼就夠了。為避免睡覺時頸部受涼，可用保暖膜敷在頸部和肩部，一旦走出暖暖的被窩也不會着涼。

女性畏寒症的成因

據調查所得，女士的畏寒症多從三十多歲開始出現。為甚麼呢？三十多歲的女士由於已婚、生小孩，育兒付出的精力體力非你我可以想像。同時這個年齡層的女性，其女性激素分泌高峰期亦已見頂，分泌開始減少，且出現失調，加上情緒不穩定，由是有了畏寒症。

至於四十五歲後的女性，多患有畏寒症的原因，是由更年期引起的。女性激素的分泌，在五十歲前後閉經時急劇減少，出現激素平衡失調。身體產生各種不適和徵狀，即所謂的更年期綜合症，畏寒是其中一種。假如置之不理，就會引起頭痛、暈眩、氣喘、血壓異常、便秘、痢疾、排尿障礙、腰痛等徵狀。以下要跟大家分享如何驅寒，讓自己活得更舒適更活力充沛，延緩衰老。

我認識的一些養生專家，他們提議「藥浴法」，即是浸浴的熱水裏加入某一種或多種草藥。如果用這個方法的話，我會提議用海鹽加入熱水中來浸浴，以我的認識，住在近海的日本人會提一桶海水回家加熱來浸浴，就像浸溫泉般，對於畏寒、神經痛、皮膚生癬的人有幫助。

骨盤歪曲與畏寒症的關係

話説骨盤歪曲與畏寒症有着很大的關係，此話怎講？以畏寒症為首的許多婦科病，多是基於體內激素分泌失調、身體機能紊亂而引起的。身體機能紊亂的成因很多，其中主要的是長期姿勢不良，令骨骼和關節出現歪曲而造成。

這種歪曲會使內臟受到壓迫，形成血流不暢及各種不適徵狀。例如經常穿着高跟鞋，所以骨盤、腳腕、膝關節、腰椎和股關節很容易出現歪曲。這種種歪曲很易導致肌肉失去平衡，影響到全身的血液循環和水份代謝。長期如此，畏寒症就出現了。因此，必須對足、腰的歪曲進行矯正，才能逐步減輕這個症狀。

首先，盡量減少穿着高跟鞋；其二，每晚睡覺前，仰臥床上，保持均勻呼吸，在一隻腳的腳跟上輕輕用力將腿拉直，一邊吐氣一邊伸展腿部。吐氣後，全身放鬆，讓另一隻腳做同樣「運動」。這樣左右左的輪流做，直至身體發熱。這是個使末梢血管擴張改善血液循環的方法。堅持每日做，消除腳腿疲勞的同時，也可改善睡眠質素。

足底按摩紓緩畏寒症

答讀者 Rachel，有畏寒症的人不單在冬天出現手腳冰冷，就是春、夏、秋季都有此現象。這個當然與體質、情緒有關。如果你有此徵狀而又想改善的話，我建議你做一些足部「運動」。

一、足底按摩：用浮石、沐浴用的網刷按擦腳心，因為腳心聚集了許多能刺激內臟機能的穴位。每次按擦五分鐘，早晚至少各做一次，特別是按擦位於腳底中心的湧泉穴。中醫學指出，湧泉穴與生命、精力及先天的體質有很大關係，是以刺激湧泉穴可以改善畏寒體質

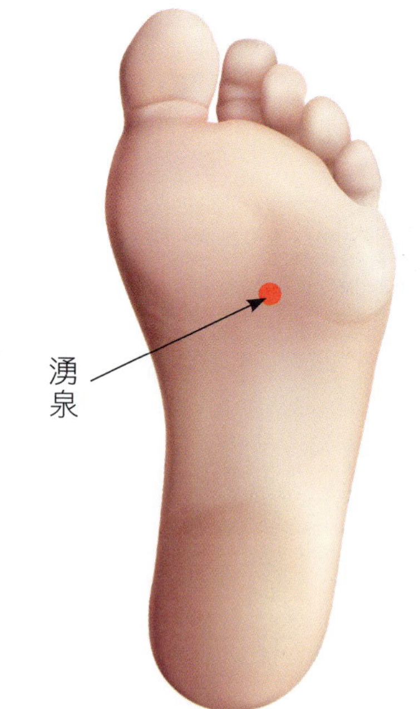

二、相互摩擦左右兩腳的足心：兩腳互動，用腳跟擦另一腳的腳心。如此這般，做至少五分鐘。做完好舒服，尤其在睡眠前做。

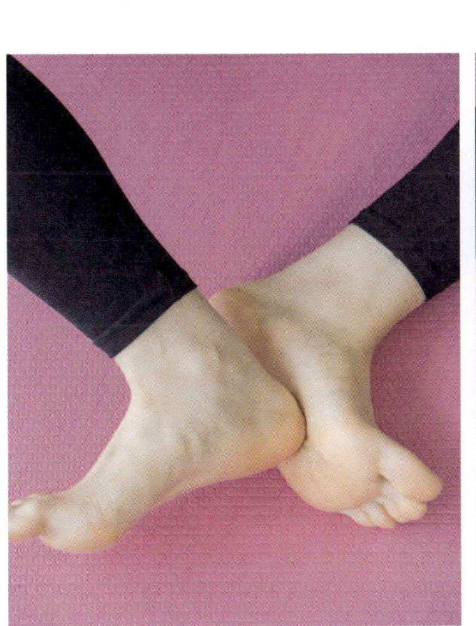

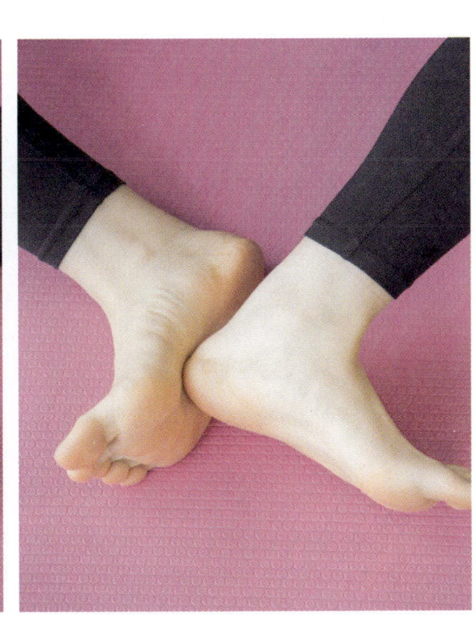

三、用一腳的腳心放在另一隻腳的腳背上摩擦，直至雙腳發熱為止。天天做，作為運動一部分。一個星期後你會發現醒神了許多，眼睛也明亮了，走路時不再一拖一拖的。

都說「人老腳先衰」，這個腳部摩擦法不單改善手腳冰冷，也延緩了衰老。請記住要有恒心地天天抽時間做。

熱貼的正確用法

聽影圈的朋友說，一旦到苦寒地區拍戲時，因為凍極，所以個個叫苦連天。幸好之前預備好一大箱日本熱貼，於是周身貼，從胸口背脊到大腿，能貼上的都貼，望着那些熱貼，往往自己也笑出聲來。因為經驗多了，也經過高人指點，方才曉得，不必這個貼法，只須貼某部位就會整個人暖和起來，演對手戲時也跟平常一樣自然了。

大家使用的當然是一次性熱貼，有些溫度可高達攝氏五十度。這時候不該直接貼在皮膚上，怕會造成低溫灼傷，應該貼在內衣面，或用手帕包着再放在身上。至於貼的部位，應該是把熱貼的上沿對準肚臍，橫向的貼在腹部。這樣，手腳冰冷的感覺就會慢慢消滅而轉為暖和。

這個熱貼對於手腳常冰冷的人來說，也是個必備用品。肚臍下的兩厘米是為「陰交」，再向下兩厘米為「石門」，都是穴位。熱貼對此穴位有刺激作用，也是治療婦科的特效穴位。貼完這一片之後，可在腹部大範圍的貼多兩三片，以確保走在寒冷的街道上或公園裏不會着涼。而我則會多貼一片在頸後保暖。

防止傷風感冒小動作

打呵欠是一個很自然的動作，當你感到困倦時，就會自然而然地打個呵欠，這個動作連嬰兒都會。在日常生活中，累了，就做個深呼吸、打個呵欠，舉高雙手伸個懶腰，有種「舒服晒」的感覺。

許多養生專家都會鼓勵那些坐着工作的人，不要老坐着，應該久不久伸個懶腰，舒展筋骨，所謂回一回氣，可見這些小動作對健康而言，是很重要的。有個小動作，我倒是天天做的，最初主要是預防感冒，後來才知道它還可以增強局部氣血的流通，強化肺臟的功能。這動作是搓、揉及刮鼻子。大家都知道，鼻子是人體的呼吸管道，是臟腑與外界相連的門戶，絕對不能讓它出現毛病。

方法

大拇指互相摩擦至生熱，然後放在鼻尖處摩擦二十四下。接着以兩手食指上下按摩鼻翼十二下。

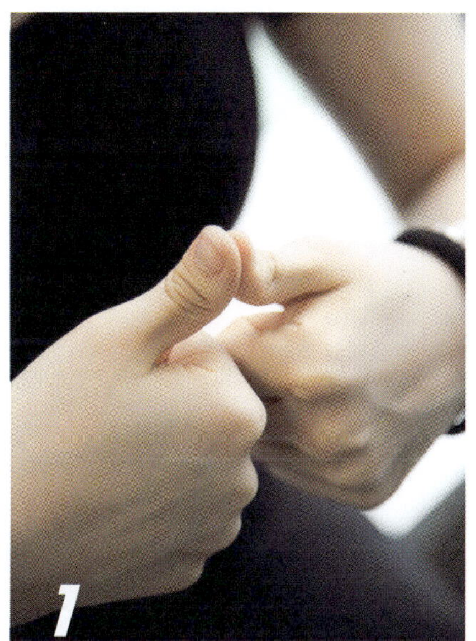
1

2

3

最後用手指頭輕刮鼻樑，由上而下十下。我是天天做的，未做之前（許多年前），每到春天我一定會患上大感冒，非常辛苦，也很抗拒吃感冒藥，每次食完都會暈陀陀，但又要上班工作，怎麼辦呢？一位前輩就教我每日做這個「搓、揉、刮鼻子」功。

感冒與雞尾酒

又忽然想起吾友Winnie Pau的一條治咳嗽感冒單方。那天，應邀去她身為CEO的Artyzen Club晚飯。甫坐下，她掩着鼻子説，自己忽然大感冒，還夾着咳嗽。這時，餐廳經理給她端來一瓶威士忌、一杯放有一枝桂皮及蜂蜜和一片厚切檸檬的滾水，Winnie接着倒入差不多一大茶匙分量的威士忌調勻，趁熱飲用。晚飯後，她已回復好人一個。

大暑後的天氣非常反覆，一時翳熱天陰，明明那一邊藍天白雲，轉過身來又雷又雨又閃電，一個不留神就傷風感冒咳嗽了。如果你也遇上這些徵狀，不妨試試調校一杯以上的「感冒雞尾酒」，盼它能幫上忙，減輕你的痛苦。不過，若然不諳喝酒，則切勿亂試，還是因應自己的身體狀況，趕快延醫治理。

燒鹽按摩保安康

讀者Ada來信說，她今年五十歲，近日出現周身毛病，不是頭暈就是身熱，但又不是發燒，她懷疑自己可能處於更年期，問該如何應付？

女性閉經前後的一段時期，稱為更年期，會出現許多毛病，例如：頭痛、肩痠、腰痛、失眠、煩躁、上火、目眩等徵狀。其中最令人煩惱的是腰腿寒症，這些惱人的徵狀統稱更年期綜合症。要擺脫這些煩惱，首先當然就是要令血液循環暢順，使身體常有暖和感。不妨試試這個簡易的方法，就是燒鹽按摩法，隨便用甚麼鹽都可以。把鹽加熱後放入一個小布袋中，待至適當暖和度，然後放到肚臍、腰部緩緩的按摩。

這些熱鹽的熱刺激，不僅針對某一處特定的部位，如：足心，還可以在各個要害部位移動，讓熱鹽刺激皮膚的末梢血管，促進血管循環。通，則不痛，整個人馬上變舒暢了。鹽的加熱方法：把一杯鹽倒入白鑊裏，用中火炒十分鐘左右，直至鹽色微變。之後把熱鹽裝入小布袋裏，用橡筋扎緊布袋口，待適當暖和度便開始按摩。用後的鹽可以重複使用多次。鹽可以消毒殺菌，提升身體免疫力，並可排汗及保溫。

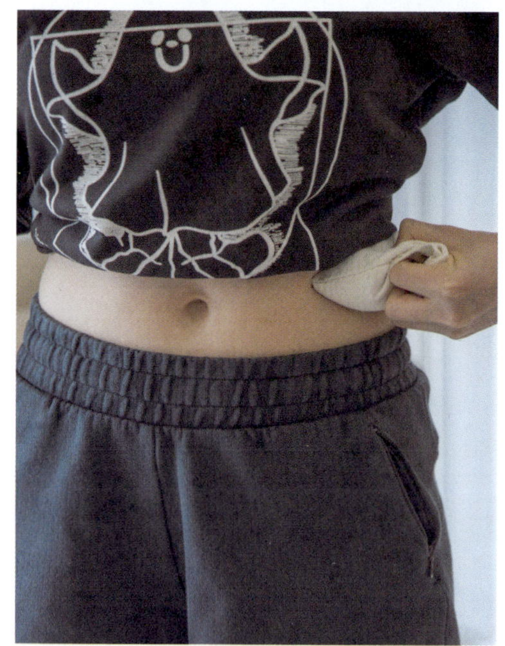

花生與胃脹痛

一位朋友很喜歡吃花生，不論是焓的、炸的、鹹乾的都愛，每天都要吃一把。上飛機外遊的話就帶一大包，她沒有因為這樣的吃法而變了肥嘟嘟，應歸入瘦的那一類。

另一位朋友很愛吃果仁，甚麼果仁也會吃得津津有味，唯獨吃花生就會鬧胃痛，普通的吃個三、四粒無問題。若不小心吃多了，胃就脹痛了。我向營養師請教這是甚麼原因。

原來，花生粒（仁）含有較高的植物油脂和蛋白質，進入腸胃之後無法被消化，因而加速腸胃中細菌的繁殖，形成過多的氣體，造成胃脹痛。一旦得知自己有這個問題，就該知道吃花生時要知所節制了。

説實話，花生是有益的食品，它含豐富的蛋白質和人體脂肪。適當的蛋白質能夠協助中和胃酸；而適當的人體脂肪可以抑制胃酸代謝，有助保護心血管健康，穩定血糖，更有抗氧化、預防疾病、延緩衰老和減少體內炎症的好處。

盼望大家謹守健康多做運動，沒有健康而要臥病床上數日子，辛苦賺來的財富變成了悲劇。記住，得健康得未來。

改善起床後的口乾舌燥

一覺醒來，口乾得很，非要馬上喝杯水不可。你問我這是甚麼原因？因為自問身體一切正常、血壓正常，偏偏這陣子早上醒來就有口乾舌燥現象。有人睡覺時是張開嘴巴呼吸的，結果會使喉嚨乾燥。用鼻子呼吸的話，就不會有此後果。因為呼吸系統的器官需要一定的溫度和濕度，鼻孔就有這個功能。

此外，睡覺地方的溫度和濕度也很重要。太乾、太冷也會影響呼吸道，室溫約攝氏二十到二十五度，但人體的溫度大概是攝氏三十七度。我們如何能把攝氏二十度的空氣變成三十七度呢？只能靠鼻腔的加熱加濕功能了。過程是，呼吸的空氣進入鼻腔會開始慢慢加熱加濕，去到咽喉部位再慢慢往下去到氣管才逐漸增溫至三十七度。同時相對濕度會達至百分百。用嘴巴呼吸當然會口乾舌燥，而且也不衛生。

另一方面，謹記睡前不要飲冰水，這對呼吸道會產生刺激，睡醒後也會出現口乾情況。然後就是我們睡覺用的枕頭，其高度和軟度都會影響頭頸部的姿勢，也會影響我們張口呼吸與否。最後一點，就是吃食時多咀嚼讓口腔多運動、練力。

棒球名將養生之道

因為覺得王貞治那自創的金雞獨立式打擊法十分有型，令我對棒球產生了興趣。最近，讀了有關日本職棒之神大谷翔平的訪問，講述了他如何保持身體健康，重傷後又再精神爽利地站起來在場上屢創佳績的秘密。

二〇二三年三月，這位身價五億美元的棒球名將，因手肘尺骨韌帶撕裂，宣布休息養傷。這是他第二次同一部位受傷，許多專家猜測，大谷可能要到二〇二五年才能復出，縱使有先進的手術加復健。萬萬想不到這位全壘打王，竟於二〇二四年三月便回到美國職棒大聯盟出賽，叫人嘖嘖稱奇。

他的主診醫生說，除了醫療，更重要的是傷者的意志力，可以幫助傷者的自我療癒和修養。大谷的養生之道，第一是有充足的睡眠，他可以睡十小時。他的寢具是特製的，也是他的隨身物品之一。每天下午也會小睡一會，那是他的power-nap。

至於食物，則以米飯及低脂肪富蛋白質的食物為主，還有蔬菜、水果及乳製品。他主要的健身運動是游泳，教練認為游泳是棒球訓練的重要基礎，為球員的肩膀及手肘柔軟度打下基礎。

Chapter 3

美顏護膚

崇尚自然美顏，
溫柔守護你的肌膚。

要靚、要健康當然要投資你的時間以及恆心，
假手於人於器材於針藥並不可取，也不划算。
Ling 姐在這篇章分享用
天然食材美顏護膚的心得。
與你分享美顏秘訣，
是 Ling 姐的人生快事之一。

張合嘴巴美顏操

向我家一位長輩拜年時，驚歎於她沒有接受過任何形式的整容，都依然保持皮膚緊致、容顏秀麗，忍不住上前請教，正好是一為神功（自己），二為弟子（讀者）。長輩第一句就說：「我好有恒心㗎！自從三十年前，我學曉這些養顏小秘訣後，每天都做。其實，不出半個月已經看見成效，但我怕前功盡廢打回原形，因此，日日堅持繼續做。」

第一式：每日用一分鐘時間，張大嘴巴，愈大愈好，然後一開一合，利用這一分鐘時間，讓臉上的肌肉得到牽動。目的是加速顏面血液回流，延緩局部組織和器官的老化。這個運動也能振奮精神，令頭腦清醒。當你駕駛時突然感到飯氣攻心、慨慨欲睡時，請立即進行這個以最大限度張大嘴巴，接着一開一合的運動。

第二式：坐在椅子上，全身放輕鬆，讓嘴巴有節奏地一開一合做一分鐘，每日早晚各一回合。如此這般，每日只用三分鐘時間做嘴巴運動，不到兩個月就看見自己重新擁有一張皮膚緊致的臉，還有澄明的眼睛。是不是很開心很有成就感呢？千萬謹記「恒心」二字啊！

有礙觀瞻的肉芽、紅斑

朋友Nancy說，她腋下、頸部近半年長出了許多小肉芽一樣的肉粒，不痛不癢，問形成的原因及如何消除。因為，尤其是頸項處，如果穿着無領衫的話，非常有礙觀瞻。這些小肉粒學名應該是皮贅（Skin Tags），又稱為軟纖維瘤，也有人稱它們為疣，不會影響健康。

皮贅發生的原因不明，但可能與家族史、肥胖、體質、懷孕等有相關性。它由表皮及真皮組織共同形成，不單出現於頸項、腋下，就連腹股溝等皮膚皺摺部位都會出現。幸好，惡性變化可能性低。一般可以到皮膚科醫生處採用鐳射、電燒、冷凍、化學燒灼來切除。但過了一段日子，可能會重新長出，特別是頸部皮膚。

另一種類近、被稱為小紅斑的，也是與體質有關的斑，櫻桃狀血管瘤，或稱老年性血管瘤，在皮膚表面凸起，鮮紅色或紫紅色的丘疹。它們通常出現於四肢，不痛不癢，無症狀，也不會有惡性變化，只是有礙觀瞻。如要把它們處理掉，可以考慮用冷凍、電燒式切除來清除。

髮再生的秘密

我當然知道：冷水，例如：冷水澡，對身體有好處並且可以有助減肥。冷水又可以對抗水腫和瘀血。

一旦出現水腫、發熱、紅斑、疼痛等炎症現象，冷會令血管收縮，從而有助於吸收瘀血。但我目前未有淋冷水浴的打算，因為我怕凍，不過卻開始了用冷水洗髮，因為用冷水沖洗可以令髮幹的「毛鱗片」變得緊緻。

髮幹毛鱗片是頭髮表面的一層薄膜，這薄膜彷彿魚鱗一樣地重疊排列，這些鱗片主要是由角質蛋白組成。主要是保護髮幹內部結構，保持頭髮健康和光澤。若果用冷水洗頭，可以保持頭髮的天然濕度，使它們變得光滑、柔順和更有光澤。

你知道嗎？冷水能促進頭皮的微循環，加速頭髮的再生。要真正的髮再生，除了每日用小木梳梳頭一百次外，再加上用冷水洗頭，都是天然的方法，日子有功，一定有其成效。你也會試用這個冷水洗頭法嗎？

不過，提提大家，即使想用冷水洗頭，也要視乎氣溫，若天寒地凍，當然不好試；同時，也要視乎個人體質，切勿勉強。

你不知道的石榴籽故事

在網上放了張自家炮製的沙律照片，材料只有三種：牛油生菜、石榴籽和牛油果。一位網友問為甚麼加入石榴籽？我的第一個答案是，放入了顆顆如紅寶石的石榴籽，令人想起了「萬綠叢中一點紅」這詩句來，而且加入紅色的 Green Salad，不但吸睛，更引起食慾。綠配紅十分顯眼，令擺在面前的純青色沙律變好看了。

我的第二個答案是，雖然石榴籽清甜有益，但如果像蘋果、芒果一樣的單吃，總覺得不是味兒。逐粒逐粒的放進嘴裏（就算是一堆的放進嘴裏），太寡了，不好吃。但與沙律混在一起吃，卻又能吃出個滋味來，同時也有點別樹一幟。

至於我的第三個答案，是石榴籽非常有益健康，它的抗氧化能力可以預防腦退化、減少腎結石、美顏養膚（因為它所含的鈣、鎂、鋅等礦物質，可以幫助補充肌膚失去的水份，滋養皮膚細胞）。此外，它富含的葉酸能協助胎兒腦部發育、降低胎兒唇顎發育出現顎裂的風險。我自己最愛每星期一次用石榴籽粉加水調成糊狀做面膜，以緊膚去黃氣。

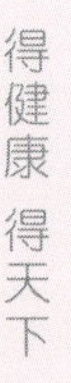

當濕疹遇上石榴籽粉

正在為答覆讀者用甚麼天然方法治療濕疹而煩惱之時，朋友珍珍捎來消息，說她的女兒青少年時代也曾被濕疹折磨得終日哭喪着臉，也用過不少坊間提議的草藥配方來治療，有些用後即出現敏感反應，一些用後似乎止了痕癢，但過了一天又故態復萌。最終，聽鄉間親友的意見，用石榴籽粉加椿花油調成糊狀塗抹患處，用紗布覆蓋再用藥用膠紙貼妥，以防睡覺時因為痕癢而把石榴籽粉糊抓掉。她鄉間親友說，一般貼七天（每日更換）濕疹即能痊癒。

為了保住女兒的肌膚，珍珍就落足心機自製石榴籽粉藥膏，女兒身上哪裏有濕疹就逐處貼上去。頸項、額頭、手肘、大腿、背脊的貼呀貼，看見那爛衫補丁一樣的手腳，兩母女不禁相視大笑起來。翌日晚上，把舊的膏貼清除，又貼上新的。

珍珍說，不過兩天，女兒的濕疹痊癒，不必用「藥」七日。她說，有需要的朋友可以照辦煮碗，小孩、成人都有用。

咖啡粉雞蛋面膜

一位讀者在電郵問：「聽說咖啡粉可以製成面膜護膚，請問應該如何調製？對皮膚有甚麼好處呢？」

咖啡粉於皮膚的最大好處，是它的抗氧化能力（來自它含有的咖啡因），作為面膜可以緊致皮膚及有美白作用，但不能單一地使用，必須配合其他材料，才能更好地發揮它的長處與功能。

材料：咖啡粉一茶匙、雞蛋黃一個（去除蛋白）、粟粉半茶匙、椿花油兩三滴。

做法：

一、把蛋黃打散後，加入咖啡粉繼續打勻。

二、加入粟粉調勻。

三、加入椿花油，拌勻調製成糊狀。

LINGLEE

用法：將面膜均勻塗抹在乾淨的面頰和額頭處，剩餘的成品可以抹在手背上作為手面膜。二十分鐘後，用溫水洗面，再抹上椿花油或蘆薈護膚霜來保濕、滋潤。手背的護理程序也一樣。

這面膜使用了雞蛋黃，主要作用是收縮毛孔，緩解和修復痘痘肌。至於椿花油，則可保濕滋潤和營養皮膚細胞。

自製手部護理面膜

讀者問：有沒有自製手部護理的「面膜」，因為工作的關係令雙手變得頗為粗糙，尤其是手背，又乾又多皺摺，看着叫自己傷心。這個我明白。以下自製的「面膜」膏，大家不妨試試看，許多朋友用過都認為效果不錯。

材料：雞蛋一個、粟粉一茶匙、檸檬汁少許、椿花油半茶匙及凡士林半茶匙。

做法：

一、只取蛋黃，打散。

二、倒入粟粉打勻。

三、倒入檸檬汁，搞勻後再倒入椿花油，拌勻。

四、最後加入凡士林。

五、細心地把碗子裏的材料完全攪勻便可。

LINGLEE

用法：面膜完成後，用掃子沾上並塗在手背手指上。三十分鐘後，會有緊致的感覺。用化粧棉沾滿美肌食鹽水抹去油膩的「面膜」，再用清水洗淨，這時可能仍留有少許油膩的感覺。抹上護手霜，兩手互相按摩一陣，讓養份繼續滲入毛孔。

這時，你會發覺雙手的皮膚的確細緻了。為了雙手變靚，你可以隔天做一次，也可以為面部每星期做一次。

海鹽的妙用

有人問我平日用甚麼方法去除鼻頭和鼻翼的黑頭？這還不容易，幼海鹽（美肌食鹽）是也。

方法是，洗面後，在小碟子上放入一丁點幼海鹽，再倒入半茶匙白醋或椿花油（兩三滴），調勻，用手指沾一些塗在「患處」，然後輕輕地按擦二、三秒左右。照鏡看看黑頭清零沒有，還有的話，再來一次，用水清洗即可。

再講一個護膚的例子。有人會經常頭痕（找不到原因），或者用海靈草染髮後有頭痕情況，那就不妨在洗髮後，抓一把幼海鹽，將整個頭擦勻再輕輕按摩兩分鐘，然後用溫水沖洗，這個方法可以每日用，頭髮也會變得有光澤且順滑起來了。

我是很能善用幼海鹽的，例如：洗衣服，洗衣機內除了放入適量洗衣粉或洗衣液外，我還會放入一大茶匙幼海鹽和一大茶匙小梳打粉，以確保衣服的潔淨。煮飯也會放入幼海鹽。洗米後，讓米浸泡十分鐘左右，我會放入一小點幼海鹽再加幾滴白醋，煮出來的飯軟熟有香味。

在食物方面，我平日撻魚肉蓉時，會在適當時候灑上一點海鹽，讓魚蓉起膠不會

散，然後繼續撻，如發現仍未達魚膠的狀態，又會再灑點海鹽（不要一次過灑海鹽，怕過量了會太鹹），繼續撻，你會看見當中的變化。海鹽就有這種功能。

至於處理鮮魚之後，若手有腥味就用海鹽來洗手吧，腥味立即會消除。

幼海鹽消脂法

其實，要去黑頭，除了用幼海鹽加幾滴白醋或幾滴椿花油攪勻按擦外，把海鹽換作幼砂糖都一樣掂。一位日本朋友曾教我用幼海鹽來消除腹部脂肪，每日做會有功效，現在與你分享。

一、入浴缸泡暖身體。

二、塗抹幼海鹽全身按摩。

三、對脂肪集中的腹部採取強式的重點按摩，即是，先以兩隻手掌緊貼腹部，出力的由內而外打圓的揉弄，連做十次。

四、再用食指和大拇指夾住腹部脂肪用力向外拉，直到感覺疼痛為止，連做十次。

備註：進行按摩時可視情況補充幼海鹽。告訴你，剛開始進行這個消脂方法時，並不見到效果，但請別氣餒。要堅持日日做，再加上日日步行或拉筋的努力，個多月下來，腰圍明顯地瘦了。

消除身體泛黑的部位

教你一個去除肌膚泛黑的方法。三十歲以後，我們身體有些部位會出現泛黑情況。所以，有許多人說想知道這位女士貴庚，只要留意她這些部位就可以猜出個所以然——那就是手肘、膝蓋，這些特別容易泛黑、粗糙的部位。

每日用熱水淋浴，去除塵垢髒污的同時，身體的毛細孔也隨着張開。此時用幼海鹽塗抹全身，特別是手肘和膝蓋部位要加重分量。接着按摩，手肘和膝蓋按摩時，必須加多兩分力度，然後用熱水沖淨。感覺自己的皮膚光滑，泛黑情況漸次減少至消失。當然要天天做持之有恒。

腳跟也是粗糙且容易脫皮的部位，經過幼海鹽的按摩後，也會變得滑淨了。抹身時不要把身體完全抹乾，然後抹上椿化油，天天如是。有些正在發育的小女孩小男孩由於氣血旺盛，爆了一臉的痘痘，感覺很不好受。在沖涼時也順便用這個方法來洗臉

按摩，之後用椿花油來滋潤保護。要靚要健康當然要「投資」，假手於人於器材於針藥並不可取，也不划算。自己身體自己維護，又可以與大家分享這些小秘訣，人生快事也。

美容緊膚

是的，我每日早晚都用幼海鹽或海鹽水來洗面，即是洗面後再用幼海鹽或海鹽水來全面抹拭按摩一次，理由是海鹽有殺菌、收斂功效，用來作深層潔膚和潔膚是最好也最化算的，之後再抹上椿花油來加持。

為甚麼一定是海鹽呢？其他的岩鹽、井鹽不也是味道鹹鹹的鹽嗎？海鹽是陽光將海水中的水份蒸發後，留下的物質再結晶所形成的，因此，除了氯化鈉外，還含有俗稱「鹽滷」的大量礦物質，比起百份百氯化鈉的精鹽，更符合健康均衡的原則。這就是我常常呼籲大家，棄精鹽而採用天然海鹽的原因。

我第一次到沖繩採訪「美肌食鹽」的供應商時，閒談間，負責人送給我一小匙幼海鹽，叫我沾一點放進口裏嘗嘗。他說：「是甘味的。」日語的「甜」和「甘」用語相同。在這裏，他指的應是「甘」，許多人，包括當時的我，就會奇怪，怎麼鹽會是帶甘味的呢？我半信半疑地沾了一點，含在嘴裏，慢慢吞嚥。結果發現，留在喉嚨裏的 aftertaste（回味）是甘而溫和的，跟精鹽和其他岩鹽比較，有雲泥之別。不妨買包美肌食鹽試試！

賈寶玉的護齒方法

關於賈寶玉的私人起居之一，清代章回小說《紅樓夢》就有寫他每天清晨有使用幼海鹽刷牙的習慣。這個清潔養生的習慣，當然不止賈寶玉一人在實行，早於寶玉那個年代，古人已有用海鹽刷牙的習慣。

為甚麼用鹽來刷牙呢？因為海鹽不僅能穩固牙齒，還具有保健作用。南北朝梁代陶弘景的《名醫別錄》中，就記載了可食用的海鹽具有清火、涼血、解毒的功效。依照中醫理論，海鹽味鹹，入腎、齒為骨之餘，腎主骨，是以鹽能固齒。換句話說，腎跟骨有關，牙齒也是骨質，且是骨骼的外顯表徵，所以，牙齒與骨骼的變化都與腎功能相呼應。

我當然有使用幼海鹽來刷牙的習慣，但我會加入與幼海鹽等量的小梳打粉來刷牙，主要用來固齒外，也防止牙齒表面色斑的產生，保持牙齒潔白。如果你的牙齒有色斑的話，也可以用這個方法每日早晚刷牙，大概不到一個星期，牙齒的色斑就會消失了。

此外，為了達到口腔保健的效果，大家也可以每日早晚用溫暖的淡鹽水漱口。

桃膠與養顏

臨離開無錫前，朋友贈我一小罐桃膠。打開一看，跟我從前買的內含黑色雜質的很不一樣，朋友選贈的顆顆通透無瑕，呈琥珀色，非常漂亮，終於見識到完美的桃膠。

據説，這是日曬時間夠長的結果，而且口感亦佳，價值當然也不便宜。有平民燕窩之稱的桃膠，是從桃樹中分泌出來的一種固體天然樹脂。

在無錫參觀過在現代農業產業園開闢的桃林，導賞員就教我認識樹上的分泌物，用手指揑取，就是桃膠。當地人都愛用桃膠來煮湯、煮糖水等，因為它含有大量纖維，有助提高飽腹感，也可以清熱止渴，潤腸通便。

不過，要注意的是，因為桃膠同時具有活血化瘀的功效，故此，懷孕初期的孕婦是禁吃桃膠的，因為活血怕會導致流產。而婦女來經期間，也不能吃，因會增加失血量。另一方面，由於桃膠纖維質地黏膩，腸胃功能弱的人士，食後可能會有不適感。

桃膠有養顏美容功效，原因是它具有高纖特性，能幫助每日排便暢順，也同時排毒，間接令皮膚得到抗炎、抗氧化的呵護。

紅參綠豆粉去痘痘

始終認為用天然方法來護膚美膚，是最安全實際的，尤其是對於青少年的皮膚。孩子到了十二、三歲，由於賀爾蒙、皮脂腺體的增加，肌膚特別是面部，總是油膩膩的，接着而來的就是粉刺、痘痘長了一面一額。如果油脂過多又不加理會，就會出現毛囊積油，變成硬粒並變黑，成為了大家口中的「黑頭」。

一旦黑頭受到細菌感染，就會有紅腫、發炎的情況出現，這就是暗瘡。我會提議這些孩子用紅參綠豆粉來做護理。方法是一大茶匙紅參綠豆粉，加入蒸餾水或冷開水，調成糊狀，然後均勻地抹在已清潔了的面頰上和額上，約十分鐘，待此面膜快乾了，可用溫水、小毛巾把面膜清洗掉，再抹上一兩滴椿花油來保濕防曬，每星期一次。

再配合多飲開水（不要飲汽水），少吃煎炒炸的重口味食品，減少開夜車，有足夠休息和睡眠。皮膚很快會回復正常，且會比以前更細緻呢！所以，這也是成年人的日常護膚精品，大家不妨試試這天然美容方法，相信會令你有意想不到的驚喜。

番茄是蔬菜還是水果

我今日先至知，要食生番茄的話，最好就是食那些細細個的車厘茄，還要是紅色的那種。至於大大個的紅番茄，最好煮熟才進食。是甚麼原因呢？且聽我細細道來。

根據來自營養師的資料，車厘茄比大番茄的營養高出三倍，主要是它們含有的茄紅素；這種茄紅素可抗衰老、滋潤皮膚，是讓皮膚重拾彈性亮麗的高手。而車厘茄所蘊含的茄紅素，就比大番茄的高出三倍。如果生食車厘茄，就能吸取更多維他命C、鉀和鎂，且吸收容易。因此，車厘茄又被稱為水果番茄。

至於大番茄，必須經過烹調煮熟才更有營養。因為在烹煮過程中，熱力會打破番茄細胞壁，使茄紅素釋出，讓食用者更有效地吸收對身體好處多多的茄紅素。大番茄配以食油加熱後，其中的類胡蘿蔔素就會釋出，讓食用者吸收。因此，大番茄一般被歸入蔬菜類。

小時候，很感激母親常常親自下廚烹調的番茄炒蛋，到了今日，輪到我親自下廚為家人照辦煮碗了。我們的皮膚都很好，相信與常吃這道菜有關吧！

自製延緩衰老面膜

最近在做一個實驗，就是製作以番茄為主要原料的面膜。用過之後，發現皮膚果然有改善，而且沒有敏感情況出現，這是朋友教我的，你也不妨試試看。

材料：標準大小的番茄一個（不要太大也不能太小）、粟粉一大茶匙、凡士林一茶匙、椿花油數滴。

做法：

一、把番茄切成兩半，用薑磨磨成蓉，再倒入小篩子內，讓番茄蓉的汁液漏到碗子裏。

二、倒入粟粉均勻地攪勻。

三、放入凡士林，攪勻。

四、倒入小平底鍋內，用慢火邊加熱邊用勺子攪勻成糊狀，熄火。

五、倒入一小匙椿花油，拌勻。

用法：待成品變涼後，均勻地抹到面頰上、額上、頸部。待二十分鐘後，用濕化粧棉抹掉面膜，噴上爽膚水，再抹上一點椿花油於面部即可。

這是一個改善、延緩皮膚老化的面膜。番茄豐富的維他命C、茄紅素有抗氧化、促進皮膚的膠原蛋白生成、協助鐵質的吸收外，還能清除導致皮膚老化的自由基，提高皮膚抵抗紫外綫的能力，而椿花油則能保濕防曬。

正確護眼你知多少？

從事文書工作、編輯，以及分分鐘對着電腦屏幕的人士，久不久會出現眼睛乾澀、流淚、刺痛的情況，這是常有的事，我也是其中一員。有人說，這是現代人常見的小毛病，但我不認為是小毛病，而是個警號，是時候要關注護眼了。

聽見年紀輕輕的就有眼睛發炎、白內障、青光眼等，就感到非常不安。眼睛出事了，還可明眸（皓齒）嗎？我當然馬上改變壞習慣（坐着不動、長時間地對着電腦工作、看書等等），每一小時停工十分鐘、上洗手間伸懶腰、喝水、走動一下。抽點時間按摩眼眶骨，或用溫毛巾溫敷五分鐘，幫助淚腺分泌。有意識地反覆眨眼睛，讓淚水均勻分布。眨眼後再閉眼十秒鐘，讓眼球得到滋潤。

每日吃富含維他命C、A、E等抗氧化的水果和食物，例如：番茄、堅果及各種顏色的蔬果。保持正常作息，最好能避免熬夜。在冷氣房內放一盆水生植物以調和濕度，避免房間內太乾燥。正確地佩戴隱形眼鏡，應是一天八至十二小時，但若睡眠不足時，則要減少佩戴時間。總括來說，要保護我們的靈魂之窗，就不該讓眼睛出現疲勞徵狀。

外祖母的明目湯水

我記起外祖母一道明目湯水，因為有一陣她住在我們家，放學後我就負責替她買材料，之後我又有份飲，所以特別有記憶。材料包括了一條豬橫脷、一塊豬脹、杞子、淮山、龍眼肉。通常我去買的只是豬橫脷和豬脹，其餘乾貨，家裏都有。

烹調方法：

一、先把豬橫脷和豬脹用海鹽洗刷一番，再用滾水汆水。

二、鍋子裏放入適量（足夠全家飲用）清水，放入淮山、龍眼肉、杞子，滾水後放入已切件的豬橫脷和豬脹。中火煲半小時，熄火，焗二十分鐘再用中小火煲半小時，即成。

這道湯水不必放鹽調味，也十分美味。豬橫脷是豬的脾臟，是豬的造血器官之一，有健脾補肺、益精固腎的功效。有說是糖尿病人恩物。此外，它能幫助消化、養肺潤燥、去肝火，常飲令人好面色。

防治貧血及明目良方

青少年時代有甚麼頭暈身熱貧血便秘，我媽再加上我外祖母總有辦法搞掂。例如，某日我蹲下替花盆鬆泥除雜草，完工後霍地站起身來，即覺眼前一片黑，幾秒鐘後才回復正常。

立即告知母親，她說我貧血，當天晚飯後給我煮了一碗紅棗水。飲了兩晚，翌日流鼻血，母親說紅棗太燥太補了，我年紀太小受不了，於是轉換了豬肝水。她把少許豬肝切片然後剁成蓉，把一飯碗水加入幾條薑絲一併煮滾，倒入豬肝蓉，攪勻，煮幾秒，放兩粒海鹽，倒入碗中，叫我趁熱飲下。我覺得又幾好飲又沒有不適，如此這般飲了半個月，蹲下一陣再站起來時，已沒有眼前一片黑的現象。

對於明目護眼，母親從她爸爸即我外祖父處，學曉用夏枯草煲片糖成為特飲。我們從小飲到大，從來沒有因為那是黑墨墨的涼茶而拒絕過，把眼睛護好，所以沒有近視。現在我也久不久煲一次，放點烏豆，全家上下都要飲兩大杯，趁熱飲。因為夏枯草疏肝，肝主目，肝臟健康則雙目健康。我家從來沒有維他命丸，小時候母親只逼我們飯後吞一粒丸，那是黃澄澄的魚肝油丸。

雙目浮腫的罪魁禍首

早上起床後，往鏡子一照，哎呀，眼腫腫。從前負責時尚電視節目和雜誌時，一旦約女士或模特兒訪問拍照，必然選下午這段時間。主要是她們早上本有的眼腫腫，到了下午已經神清氣爽，連帶面部的浮腫都消失了，所以許多女士，尤其上班族，都避免在臨睡前喝水。

我在臨睡前，會做二十分鐘拉筋和帶氧運動，結果是出汗兼口渴，我是會飲水來作補充的。專家說，睡前飲適量開水或蒸餾水，有助睡眠品質提升。因為當人睡着時，其汗腺分泌會比清醒時更旺盛。一旦體內缺水，則會影響血液濃度上升，並影響熟睡。

另一方面，如果飲水太多的話，會出現水份代謝不良，可能導致頻頻上廁所小便，而令睡眠變得斷斷續續，翌日起床必然有神無氣、雙目浮腫。如果可以的話，我建議愛美一族在臨睡前兩小時喝水，不必勉強自己喝太多，夠就算了。

雙眼浮腫不一定由於臨睡前喝水太多，熬夜不夠瞓也是令眼睛浮腫的原因。另一個原因就是營養失調，特別是缺乏蛋白質。明白嗎？

防治頸紋的方法

對於護膚，我常常記着一點，頸部最需要保濕，因為頸部的皮膚比面部更薄更脆弱，老化的速度也更快，它缺乏彈性、缺乏緊緻度。由於頸部缺乏皮脂腺，是以比面部的皮膚更易乾燥，如果不留心保護，儘管只有二十多歲，頸紋就會出現了。

不過，也有人稱頸紋為暴露年齡的無聲洩密者，於是在為面部抹上日霜晚霜椿花油等等護膚品的同時，也一併塗抹到頸部，卻不察覺頸部會因而長出許多痘痘、油脂粒，弄巧反拙，你也有過這經驗吧。

頸部皮膚雖然容易乾燥，但卻很薄弱，塗抹過多的護膚品，會令毛孔出現閉塞而長出痘痘、粉刺、黑頭，因此，晚上卸粧並塗抹護膚品後，記住臨睡前把頸抹乾淨，噴上適量的保濕液即可。至於日間護理，只需噴上保濕劑就可以了。

防治頸紋出現，運動還是必須的。抹護膚品時，手勢由下而上像按摩一樣輕撥十下；坐着看電腦時，噴點保濕劑也順便做由下而上的按摩。不要長時間低頭看書、寫字或工作，該久不久仰頭伸頸至少一、兩分鐘，以及做一些頸部運動。

不要隨便戒吃白米飯

跟我們中國人一樣，日本人都愛吃米飯和澱粉質食品，每日的晚餐幾乎無飯不歡。但肥胖的日本人並不多，反而我們為了減肥而戒吃白米飯。見過許多不吃白米飯的人，身體並不健康，面色黯黃、頭髮乾枯，四十多歲已經出現嚴重掉頭髮，有神無氣，神情木獨。

我當然不會戒吃白米飯，那是神清氣爽的精氣來源之一嘛。不過，有人經過研究，指出日本人晚晚吃白米飯而不會成為胖子的原因，原來除了白米飯之外，日本人餐桌上的配菜是主要原因：不只追求食物的原味，也不添加過多的調味料。每樣配菜的分量都不多但多樣化，注重營養均衡，同時都愛吃魚。

即使吃炸物，也會用極少的油，不用回鍋油。吃的時候都是細嚼慢嚥，這個方法是讓大腦接收飽足感，腸胃也不會因為吃得太多、太快而搞到來不及消化而囤積太多，最終釀成胃痛、胃病。日本人喜歡吃魚片，生食一來可以保留魚的營養，也減去了烹調時的油份和熱量。因此，不要隨便停吃白米飯，要留意的是配菜，要清淡的、營養均衡的。

祛除內濕．神清氣爽

春天的特徵是四周圍都洇洇濕濕，開着抽濕機可以令環境乾爽一點，否則牆壁都要滲出水來。對了，這是個濕氣重的季節，連人都受到影響，懶洋洋不起勁。到底濕氣是從哪裏來的？有祛除方法嗎？

外因是，淋雨下水，居處潮濕，霧重露多而形成濕氣。濕氣之形成，不僅在春天，夏天也會，例如：長期夜晚游泳、浸浴、長期在水中工作，甚或久居地下室等。此為外濕的來源。

至於內因，長期身體勞累、思慮過度、氣血虧虛，因而導致脾胃不能正常運行，水液於是不能正常排解吸收，使化成濕濁，於是外觀會變得肥腫難分。有人喜食煎炸油膩食品，同時每日無甜食不歡，又愛飲酒、愛冰冷食物，令濕濁內生，這就是內濕。

要祛除這等濕氣，當然就要訓練自己作息有時，不許讓自己過於勞累；放開心

懷，樂觀豁達。此外，要時刻保持寬容，每遇非常憤怒或者傷心的時候，在心內默默鼓勵自己、開解自己甚或向你的信仰祈禱，善念就會慢慢地充盈你的心中。此時，你也可以用手按摩腹部三十圈，讓消化變回良好。

薏米粉

養顏祛濕薏米粉

濕氣重的人，除了沒精神、提不起勁外，身體還會變得肥胖。一旦濕氣給抽走了，人就會重拾窈窕、神清氣爽。為身體除濕（減肥）使用的方法好簡單，每日一大茶匙純正薏米粉，我會分兩次食用，都是與湯水或奶茶或果汁調攪均勻，然後飲用。

薏米粉沒有味道，所以縱使與奶茶、果汁一起混合，也不會破壞飲品的原來味道。我是每日飲用來祛濕養生，薏米有皮膚守護神之稱，且能健脾、利尿治水腫、清內臟熱毒。為了養顏，我是連去外地旅行都會帶着它的。

要天然美就要下苦功

有好皮膚就是有好健康。整容而有的繃緊滑溜的皮膚，並不算好皮膚，這反而會傷害皮膚，搞亂健康。天然的好皮膚，除了有足夠的補水、充足的睡眠、均衡的飲食外，還需要有以下兩點：

一、愉悅的心情，這樣皮膚才不容易老。當你的情緒樂觀、穩定時，可使我們的副交感神經常處於正常的興奮狀態，使皮膚血管擴張，血流量增加，代謝旺盛，結果膚色紅潤、容光煥發。如果時常心情苦悶、有神無氣、眉頭深鎖、滿懷心事，或者長期感到緊張、恐懼、遏抑，必會令皮膚血液循環不良，妨礙營養的供應。結果，令皮膚過早衰老、面色灰暗、皺紋加深。這些現象都是我們女士最驚見到的。

二、定期做面部按摩，以增強肌膚的彈性。要靚就不能懶，按摩對面部肌肉有良好影響，因為可以改善血液供應，增強皮膚的彈性。按摩時，請在面上抹上適量的椿花油，令皮膚細胞吸收與皮膚細胞結構相接近的營養和補濕成分。這些程序、用品都非常簡單，欠的只是你的毅力。

Chapter 4

心靜身安

心情盡可能保持平靜，
不要隨便動氣。

Ling 姐在這篇章分享她面對的情和事，
如何在煩擾中
保持健康的心態和平和的情緒。
當心境常在平靜狀態時，
人就會寬容，思想正向，
散發自然健康的美。

有健康就有機會

女性的畏寒症是因為植物神經紊亂，令激素分泌異常。

為何會出現這個情況？據醫生指出，這是因為長期的精神緊張、心理壓力大、動不動生氣，以及精神受到刺激後引致大腦高級神經中樞和植物神經功能失調，部分的結果是月經失調、手腳長期冰冷，至於腎臟或腎上腺不太好的人，也會患上此症。其他徵狀還包括：情緒不穩、煩躁焦慮、敏感多疑、恐懼、悲觀、易哭、不想說話、不想見人、神經衰弱等。

說實話，精神刺激人人都會有，不順心的事情人人都經歷過，卻不是就此而患上植物神經紊亂，患者多數是性格使然。正所謂性格決定命運，做人過分爭強好勝，缺乏自制能力，一旦失敗或者遇上不順心的事情，就會死不甘心、大吵大鬧，久久不能忘懷。心情影響精神，精神影響健康，健康要是變壞百病叢生，人就變得更加煩躁、悲觀，病況自然日益嚴重。養成樂觀豁達的性格，對於做人做事，同樣很重要。經過一番努力，嘗試過許多方法，仍然一籌莫展的話，就要隨遇而安，接受自己的不足了，不必大發雷霆。

無聊是生活最沉重的負擔

當聽到朋友說：我近日好忙，忙得不可開交。我就恭喜他。記得羅曼．羅蘭寫過：「生活最沉重的負擔不是工作，而是無聊。」我們常常說一個人最怕就是百無聊賴，天光等天黑，天黑等天光，想想都覺得可怕，這種生活遲早會把人逼瘋。

無聊是會把人壓得透不過氣的，說白了這是一種懶散的人生態度，也許他不是不愛工作，只是害怕挑戰，害怕工作上出現的各種人事紛爭。因為受不了，也不設法去面對、去解決，乾脆就辭職賴在家中算了。

要解決無聊，就要學習承擔責任，學習積極、樂觀的人生態度，景從心生。不管遇上好事或逆境，都以感謝之心去面對。在遇上逆境時，必須先反求諸己，看看是否有行差踏錯了，招致這樣的結果。如果是天災橫禍的話，就無話可說了。

無論是甚麼因由，都該再站起來，以感恩之心接受「懲罰」，改過自新重新振作，切不可死不認錯，諉過對方。只有不珍惜自己的人才會無聊，不要不相信因果。

虛榮心．上進心

我們在討論「虛榮」。

許多人對虛榮心三字都存有負面印象，我則認為虛榮心是促使一個人上進的動力。從另一個角度看，這是一種好勝、不服氣的性格。

當然，雖有虛榮心、上進心、拼勁心，但必須量力而為，要學會「照鏡」、學會認識自己，才能朝着潛能進發。你的潛能應該是向右方邁進的，你卻硬要跟人比拼，轉向左方發力，結果就是一事無成，浪費了一生時光，在人生路上白走一趟。

他們會把這些結果歸納為缺乏運氣，正所謂性格決定命運，夫復何言？當一個人太偏執於自己的目標，太高估自己的才華，然而卻努力地勉強自己達標，不旋踵，已經是明日黃花，還在不知反省地自怨自艾。

我認為，這是一種病態，勉強真是無幸福的。

智者常常勸勉我們，要起跑就先要腳踏實地。先要有健康的身體和清醒的頭腦。我認為清醒的頭腦遠比聰明的腦袋來得重要，所以我為自己祈禱時祈求的是智慧。

發掘對方的優點

遇到《幸福人生》作者黎炳民醫生。一番寒暄過後，他問我最近有甚麼開心事沒有。被他一問，我腦子轉了半分鐘，想呀想，想不出有甚麼具體的開心事來，只能如實地答他道：「你不是教我們活在當下，每一刻保持心情愉快的嗎？這一刻遇到你，見你依然高大威猛、神清氣爽，我好開心呀！」

他聽罷，高興得合不攏嘴，指着餐牌説：「呢餐我嘅，你即管點菜好了。」座上另外四位醫生和他們的另一半，莫不笑得天花亂墜。你一定以為我在亂蓋帽子，才不。如果你認識黎醫生，你一定同意我的看法。

轉個角度看，花花轎子人抬人，只要把對方的優點和盤托出，就不含口甜舌滑的意味了。我們天天快樂的其中一個理由，就是看到人家的優點，把優點化成了一幅美麗的風景。養眼呀！

我大學時修讀文學。某個課堂的功課，是分析 Arthur Miller 的 *Death of a Salesman*，我取了八十八分。因為我把一個人生無奈的故事，看成了社會向前進的一個必然旅程，人就釋然了。

身動心靜‧精神爽利

最新學到一個關於養生六字口訣，就是：身動、心靜、靈安。

身動就是身體要持之以恆地動，勞動也好，運動也好，要讓身體的機能有活動的機會。久坐，缺乏運動必然多病，例如：糖尿病、心臟病、腎病，以至癌症，是以有多坐一小時減壽二十二分鐘的說法。

久坐不動，長時間坐着，其害處不僅令人肥胖，而且，醫生說會改變身體組成，使肌肉量降低，脂肪增加。所以，雖然必須坐着工作，但久不久做些伸展，站起來扭動一下身體，那怕是一分鐘，對身體都有好處。

心靜，就是讓心情時刻盡可能保持平靜，不要隨便動氣。當心境常在平靜狀態時，人就會寬容，思想正向。靈安則指靈性上的安穩。

讓這六字口訣得到平衡，令自己日日精神飽滿、腦筋靈活的一個妙方，就是每日白天小睡一會，十五分鐘或者二十分鐘。這個小睡可以保護大腦，降低失智的風險，讓大腦更年輕，提升工作表現，且可以減輕壓力，並帶來正向心態，讓我們生活得積極有幹勁。

心情不老

好朋友從公司退休了，馬上依原定計劃飛巴黎入讀廚藝學院，專攻甜品餅食，為期一年。期間，她從零開始學法文，一有空就四處觀光、試食，交朋結友，打算回港後創業。我立即想起了一位智者的説話，美好的人生應該包括六喜，是哪六項呢？

一喜退而不休。為人生再創一個新境界、新事業。

二喜兒女獨立。老實講，假使兒女已成年都不能獨立，還需要你的照顧，肯定是不得已，無可奈何的。

三喜無欲則剛。人到無求是一個最瀟灑的境界，誰會喜歡向人低三下四，涎着臉求對方關照？

四喜問心無愧。答應過會做的事情，現在會立即實行。不然，也會設法盡早把事情做妥，唯恐耽誤了人家的信任。

五喜好友甚多。所謂友直友諒友多聞，可以與不同的好友分享不同的人生經驗，必能擴闊眼界。

六喜心情不老。永遠有一顆赤子之心最難得。

學習自得其樂

我是個會自得其樂的人，所以從來不怕一個人獨處，也十分喜歡一個人去旅遊。一個人悶悶地時，會想些快樂的經歷，諸如看過的好電影、相處過的可愛的人，想到開心處，還會笑個不亦樂乎。

你知道嗎？人生有所謂七樂，即是知足常樂、閒中作樂、自得其樂、及時行樂、助人為樂、行善最樂，當然，還有平安最樂。人生苦短，今日不知明天事。說實話，就算是下一分鐘，自己也無從掌握，只有目前是最真實的。因此，最不自在的，是看見那些常常眉頭深鎖、對甚麼都沒有興趣的人。這類人最自私，永遠散播負能量。

所以呀，嘴巴不妨甜一點，腦筋學習靈活一點，脾氣小一點收斂一下，度量大一點，做人要有大氣，不要斤斤計較，心懷放寬一點，做事多一點，說話的語氣輕一點，微笑不妨多一點。只有身體健康的人，才能練就這種心情與表現。為了更健康，我現在是少肉多菜、少鹽多醋（不可缺鹽）、少車多行。雖然我仍每天開車上班、購物，但一定找機會多行路，找些迂迴路綫行去目的地。

我訓練自己不怕麻煩，隨遇而安，焉能不開心？

不強求

挨年近晚，大家都特別忙。忙辦年貨，忙禮尚往來。早年香港經濟不寬裕的年代，許多做生意的人一俟年關就忙着去結賬，也忙着去追數。不管在甚麼情況下，都要挺着跨過年關這個關口，正是年關難過年年過，總是樂觀地期望新年新希望。

窮人有窮人的難過，富人有富人的難過，除非六根清淨，不問世事。不然，凡人即是煩人，避不過的。朋友見我笑口常開，皮膚又沒有皺褶，彷彿食飽兩餐無憂米，問我是否事事順利沒有煩惱，晚晚大覺瞓。

事實上，古代聖賢的名句可謂醍醐灌頂——人無遠慮必有近憂。我是正常人，又那能避得過煩惱？尤其是我們做生意的，雖然是個小小的事業，一旦有甚麼風吹草動，往往給嚇得輾轉反側等天光。

我只是選擇了不做苦瓜乾面而已。明天又是另一日，再煩的事情都必須迅速解決掉，而且我明白一個道理：是你的就是始終都會是你的，所以不必強求，強求的話，就是貪心了，貪往往都會變成貧，可以一夜之間變得一無所有，到那時後悔已經太遲了。

永遠保持笑容

又是新的一年，新年新計劃新希望。說到底，還是需要有健康的身體和頭腦，才能一拍即合，把願望實踐。

正所謂，天下沒有偷懶可得的健康。還得謹記，對以往發生過的不愉快事情和曾經有過的逆境，不要記掛心中，縱使偶然溜上心頭，就當是一場教訓，提醒自己不要重蹈覆轍，也不能再跟某類人做朋友。不要發牢騷，告訴自己平安是福。

在日常生活中，別忘記要保養、營養和修養。保養皮膚不要任由皮膚暗啞起皺，未到六十歲已經雞皮鶴髮。

用運動、合適的護膚和食品，來營養在歲月中穿梭的自己。年紀愈長，經歷愈多，應該令你有所頓悟，修養應該愈來愈有智慧，好些上了年紀的朋友，一開聲就會說自己都一把年紀了，行將就木，有得食有得玩就盡情吧！錯了，智者提醒我們，甚麼事都不可去盡，為自己及後人留條後路。

所以呀，忘記年齡、忘記煩惱，永遠保持笑容，自己舒服時，人家也舒服。

生氣等於懲罰自己

朋友的一位長輩已經九十五歲，一個人獨居，自己料理自己的日常生活，沒有幫傭，手腳利落，一臉寬容。她說自六十歲退休後（老伴早已離世），她就學習不求人，但求愉快地一個人安享晚年。

因為兒女都有自己的家，夠忙的了，她就是不要給他們麻煩，久不久，他們一家大小來看看自己已經很幸福。退休之後，她開始每日運動，例如：拉筋、走路，讓氣血運行良好，骨骼健康。有了這個基礎之後，就在飲食方面落墨，主要是均衡飲食，粗茶淡飯，自己買餸下廚，偶然也會與親友一起吃餐「勁」的，但都是適可而止。

朋友說，這位老人家的房子非常窗明几淨，尤其是廚房，不會有油膩的感覺。房子的清理、清潔就由她一人打理，她稱之為舒展筋骨的妙法之一。原來，她還學會彈鋼琴，每星期老師上門來授課一小時，餘下日子就是努力地練習。有空就放張CD聽喜愛的音樂家的作品。

問她有甚麼人生良言送給年輕人，她瞪大眼睛滿臉笑容說：「熱愛生活、不要計較，不要生氣，生氣等於用別人的錯誤來懲罰自己。」

問君能有幾多愁

每逢周末，我會一整天進行守齋，只在早餐飲牛奶，吃加有煙三文魚的沙律，然後一整天都只是飲水。其他家居工作如常進行，買菜煮飯，洗衣搞衛生，當然也不忘寫稿。家人吃飯時，我則吃菜，至於運動拉筋照做無誤，太餓了就吃幾粒果仁。一般都能捱過去的，因為平日食得太好，加上應酬飯局，真是肚滿腸肥，相信四天不必進食也可，何況只那麼的一天！把腸胃清空一下，讓它們休息休息，對健康絕對有益，是養生的一個妙法。

曾經聽一位養生專家說，養生不是一味的講究吃甚麼、喝甚麼，養生養的是心態，養的是情懷，養的是格局。他說，一個人如果患上大病，必與情緒有關，長期的情緒不佳，必然會催生大病，所以說，人是給氣死的。我母親常說，做女人一定要看得開，要學會開解自己，要學會令自己快樂，所以，貪靚扮靚是應該的。

常常「谷氣」，「谷下谷下」，那道散不掉的氣就會演變成病灶，壓力、憂傷是病患的導火綫之一，所以讓自己有樂觀的情緒十分重要。學習把笑容掛在臉上，學習開懷大笑，這是健康良藥之一。

用呼吸降血壓

朋友Winnie常常會因為家事、公司事務而情緒不穩，一有激氣事就會說：「激到快要爆血管！」她真的害怕自己有天會血壓飆升，最終爆血管。問我如何是好。當然是要學習控制情緒，讓自己冷靜下來囉。

怎麼做呢？已經氣在頭上呀！我教她一個叫做4-4-6-2的呼吸法，這是一個能幫助我放鬆神經、解除憂慮的方法。現在，先給大家講一下呼吸對健康的幫助。我們都知道呼吸有很多種方式，這些方式都會影響我們身體幾乎每一個器官。

呼吸不單為大腦和身體提供氧氣，呼吸的方式，如專家所言，可以改變思維和感受，這是很重要的，它可以改變心率，且可以降血壓、抗焦慮、減壓、減少痛感。甚至，聽說可以改變大腦化學物質，讓頭腦更敏銳。對於長者來說，這個很重要。

4-4-6-2呼吸法是，吸氣四秒，然後閉氣四秒（舌尖輕輕頂住上顎），呼氣六秒；吐氣之後停頓兩秒。如此這般做五分鐘，情緒必然回復安靜。這個方法最好能夠每天做一次，像練功一樣，使自己變得祥和、寬容，不再動輒發脾氣，皮膚就會變得有光澤。

抑鬱不等同抑鬱症

朋友傳來消息，説我這篇〈用呼吸降血壓〉，獲精神健康急救課程的導師社工，在群組裏廣傳分享，非常多謝。其實，有一個日常簡易的放鬆方法，就是讓自己樣貌寬容一點。

老實説，誰都討厭那些永遠黑口黑面的人。在今日，大家生活真的很不容易，生命又如此脆弱，還得要人家看你面色，或者轉過來你要看人家面色，真是情何以堪。有一個寬容的面口，世界必然可愛許多。

黑口黑面的人，通常都是滿懷心事，容易患上抑鬱症。我得講清楚，抑鬱並不等於抑鬱症。抑鬱是情緒反應，很正常，每一個都會遇上，然而是短暫的，不會困擾很久。

有人情緒掉進抑鬱的圈套時會唱首歌、做一會帶氧運動，又或者吃一片巧克力、跟好朋友打一通電話八卦一下娛樂圈的消息等等，開懷大笑一陣，人就立即舒坦了，抑鬱情緒就煙消雲散了。大學時代，我曾因此而詩興大發寫了一首新詩投稿去，竟然給刊登出來了。抑鬱原來也算是浪漫，因為浪漫才能有詩潮。

開解抑鬱三大法寶

我也遇過有抑鬱症的朋友，但我不曉得如何去開解他們。如果我說：「睇開啲啦！你要加油呀！」講完等於無講，等於去探訪一個絕症病人，說他氣色好好，就快可以出院一樣。精神科醫生說，對於有抑鬱症的人，比較理想的方法是：「聆聽、支持和陪伴」。

醫生說，抑鬱症已是二十一世紀的重頭病症，尤其是在大都市，每十個人就有七個有徵狀，大部分來自壓力。這些壓力往往會令人身心俱疲，所以是生理病也是心理病，不論家庭、學校、職場、生活形態，都在在產生壓力，叫人喘不過氣來的壓力，絕不是單一原因造成的。

此外，年齡、性別、文化、遭逢重大變故、經歷重大創傷等，都會令人產生抑鬱傾向。據統計，容易患上抑鬱症的，以女性為多，當中原因不言而喻。因此，我常鼓勵我的女性讀者，身為女人必須經濟獨立、感情獨立、身體健康，有健康就有經濟，不會成為別人的附屬品。生理一切正常，心理自然健康，為有涯的人生盡情做有意義的事。

追求五福

我們常稱羨某某有福氣，因為其兒女已成家立業，不必自己加以照顧，加上生活不成問題，可以優哉悠哉安享人生，這的確是一種福氣。不過，今日我要跟大家分享的，是人一生中的五福，哪五種福氣呢？

一、有健康身體謂之福。這個要靠你自己建立了，不能讓自己終日病懨懨呀，顯得一點活力也沒有，自己不開心的同時，也成了家人的額外負擔。

二、有興趣讀書之福。學海無涯，人生有涯，讀書除了明理外，還在求知識，與世界步伐一致。知識就是力量，讀書使人永遠年輕、朝氣勃勃。

三、有知己好友謂之福。一旦需要江湖救急，朋友就來了。當然，記住世界上沒有無緣無故的愛，也沒有無緣無故的恨，你與知己好友的關係必須是雙向的，只有父母才會無緣無故愛你一輩子。

四、有人惦念謂之福。人家為甚麼會惦念你呢？你又為甚麼會記掛對方呢？一定是你好好人，好有義氣，曾經扶對方一把。

五、做自己喜歡做的事謂之福。

無事常問候

經過三年新冠疫情的日子，封城閉關，斷了社交往來不計，還得天天戴着口罩，學校停課，辦公室移師家居，生活調子全部變了另一個樣。

疫情過後，生活雖然回復以往的常態，但人生觀都跟以前不一樣了，彷彿大病一場後，痛定思痛，發現很多東西其實都不重要，變得不再那麼執着，變瀟灑了，學會了隨遇而安順應天命，笑容多了，心也寬了。最重要的是保住了命，能夠重拾健康。

看着因為這疫症而逝去的親友，回想他們為生活為錢拼搏一生，卻帶不走一磚一瓦，帶不走一絲牽掛，就這樣結束了短短的一生。經此一疫，許多人忽然醒悟過來，真是世事無常，於是外出旅遊的人比從前多了許多，正是吃你想吃的飯，見你想見的人，看你想看的風景，不必應酬的人就停止聯絡好了，但如果是恩人的話，就得無事常問候。

日前與好朋友見面，她說這一陣非常忙碌，忙於去探訪曾扶她一把的恩人，因為都年紀老邁，疾病纏身，能多見一天就一天吧！

我們的相貌氣色

關於我們的相貌氣息，原來有這個説法：人的相貌，七年一變化；人的氣色，七天一變化；人的神韻，七分鐘一變化。所以，高人説，希望自己看起來神清氣爽，分分鐘叫人看着舒服漂亮，請先要學會控制自己的情緒。這就是相由心生、護膚先養心的道理。

如何養心？當然是不貪心。《紅樓夢》裏的貪、嗔、癡，正是擾亂我們情緒的禍根。所以高人指點眾生，説，人生最忌太圓滿。

並列舉了一些此消彼長的故事，作為提示：有人婚姻不好，但子女很優秀；有人婚姻很好，但身體不太好；有人事業順遂，但家庭不和睦；有人家庭和睦，日子卻很清貧。因此，人生最好的狀態就是求缺不求滿。

我母親也有這方面的一點人生智慧，她常勸誡子女：福不可以享盡，讓三分給別人；利不可佔盡，留三分給別人；功不可以盡攬，留三分給同伴。

能夠有這種胸襟的人，其人生即可得到真正的圓滿。不要介意得失，我們生來本就一無所有，又何懼從頭再來。

活得挺滋味

剛過端午節，大家見面時一開口就說：「原來今年已經過了一半。再忍一忍，當今年過去，好運就會降臨了。」我在想，今年真的這麼不濟？要不然都不會唉聲歎氣了吧！

可是，我在面書上依然見到活得挺滋味的朋友，天天鋪到面書上的，都是大魚大肉，今天冬菇炆雞、昨天海膽壽司……大張旗鼓地在社交媒體公告天下，一點不嫌煩。一比之下，我就自慚形穢，縱使三餐不缺，卻沒有能力日日九大簋，所以只能羨慕，送上一個 like。

也許他們是對的，再不景氣，日子還是要過的，讓自己舒坦的方式，食得好是一個途徑，邊食邊開心邊祈禱霉日子請早早遠離。過了端午節，又快到中秋節，轉個圈又是聖誕節，一年將盡。明年，有研究玄學風水的說，預料會比今年好得多，五窮六絕七翻身，明年會更好的。想了想，大樂，於是繼續飲飲食食，繼續展露昨夜吃在米芝蓮二星餐廳，今夜是每位承惠二千元的私房菜。

活在當下，自製愉悅安多酚，他們是一群開心快活人。

相遇不是偶然

我平時就愛閱讀，日前，乖乖地看完陳慧劍的《弘一大師傳》。在這個人事紛擾世情不安的日子，閱讀一本有關智者看人看事看生死的書，是絕對的受教了。例如弘一大師說：「無論你遇見誰，他（她）都是你生命中該出現的人，絕非偶然，他（她）一定會教你一些甚麼。」

我曾經，自己認為，遇過不該遇上的人，事後覺得非常遺憾，不斷在生自己的氣，更認為是人生裏的一個污點。那天，看完大師這一段話後，我整個人有種釋放出來的感覺。是的，每一個相遇，美滿也好，傷害也好，都不會是偶然。在茫茫人海中，為其麼會被你遇上？

依大師的說法，內裏必有玄機；不管他（她）對你做了甚麼事，事情過後，靜下心來反思，你原來在他（她）那裏學曉了一些你絕不會觸碰的「學問」，你的人生大門又打開了一些，裏面沒有生氣、沒有遺憾，有的是晴空和感激。我哪能不笑容滿面呢？話雖如此，老實說，我絕不會再跟這些人做朋友，連見一面都設法躲開，無謂浪費生命。

得健康得天下

李韡玲

著者
李韡玲

責任編輯
譚麗琴

裝幀設計 / 排版
羅美齡

攝影
梁細權、歐陽珍妮

運動示範
米俊燁

出版者
萬里機構出版有限公司
香港北角英皇道 499 號北角工業大廈 20 樓
電話：2564 7511　　傳真：2565 5539
電郵：info@wanlibk.com
網址：http://www.wanlibk.com
http://www.facebook.com/wanlibk

發行者
香港聯合書刊物流有限公司
香港荃灣德士古道 220-248 號荃灣工業中心 16 樓
電話：2150 2100　　傳真：2407 3062
電郵：info@suplogistics.com.hk

承印者
寶華數碼印刷有限公司
香港柴灣吉勝街 45 號勝景工業大廈 4 樓 A 室

出版日期
二〇二五年七月第一次印刷
二〇二五年八月第二次印刷

規格
特 16 開（213 mm × 150 mm）

ISBN 978-962-14-7622-7

鳴謝
場地提供：
香港中華煤氣有限公司

U0938542